빛깔있는 책들 102-38

전통 과학 건축

글/손영식 ● 사진/이응준, 최진연

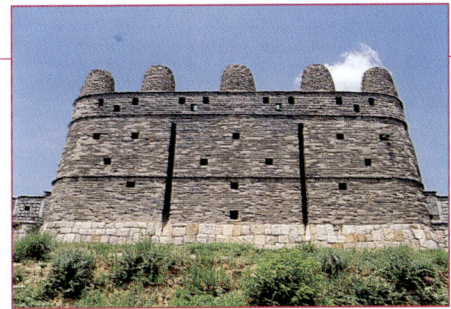

대원사

손영식 ―――――――
육군사관학교를 졸업하고 한양대학교
대학원에서 공학박사 학위를 취득했
다. 현재 문화재청 문화재전문위원, 한
국전통건축연구소 소장으로, 명지대학
교 등에서 전통건축을 강의하고 있다.
『한국 성곽의 연구』『옛다리』10여 권
의 저서가 있다.

이응준 ―――――――
한국사진작가협회 상업사진분과위원
으로 있다. 한국도로공사, 국제관광공
사 사진공모전에서 입상했고, 문화재
보호사진전에서 우수상을 수상했다.
주요 촬영 책자로는『문화재대관 보물
편』중·하권『한국 고미술 진품 도
록』『문화재대관 사적편』상·하권 등
이 있다.

최진연 ―――――――
제6회 대한민국 사진전 대상을 수상하
였으며 "한국의 옛 성곽"을 주제로 4
회의 개인전을 열었다. 현재, 사진연구
소를 운영하며 대한뉴스 사진부장을
맡고 있다.

전통 과학 건축

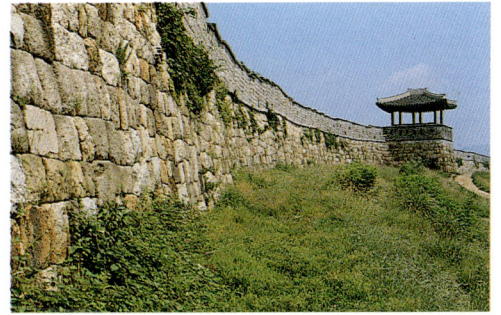

전통 과학 건축

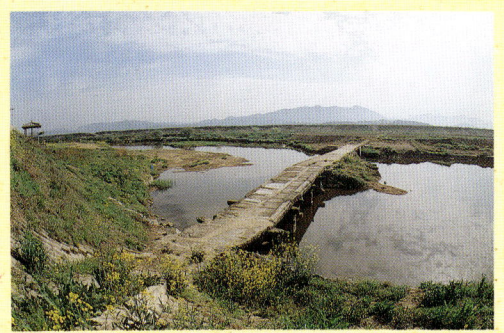

머리말

'전통 과학 건축'이란 말에서 먼저 떠올려지는 것은 우리나라가 세계적으로 자랑하고 있는 경주 토함산 석굴암이나 합천 해인사의 팔만대장경 판고 등이 아닌가 생각된다. 하지만 선조가 오랜 세월 동안 경험을 바탕으로 이룩한 건축물은 다양하며 거개가 생활 과학 건축물들이다. 또한 우리 선조가 이루어 놓은 건축물은 과학성이 돋보이지 않는 것이 없을 정도이다.

대표적인 전통 과학 건축물로, 생활하는 가옥인 한옥을 비롯한 성곽(城郭), 고분(古墳), 교량(橋梁), 봉수대(烽燧臺), 석빙고(石冰庫), 천문대(天文臺) 등 실로 다양한 종류와 형식이 있다.

과거 여러 건축물은 중국과 많은 연관을 갖고 발전해 왔다. 그러나 외래 문화를 수용은 하되 이를 그대로 모방하지는 않았다. 외래 문화를 받아들이되 이를 풍토에 맞게 응용하고 독창성을 가미하면서 독특한 우리의 것으로 발전시켜 온 것이다.

이같은 과정에서 특히 우리의 건축물은 자연 환경에 순응하는 한편 자연을 경외하며 자연과 조화를 이루어 왔다. 가옥뿐 아니라 모든 구조물에 예외 없이 적용하여 중용의 도를 펴 왔던 것이다.

　이 책에서 다루고자 하는 전통 과학 건축은 전통 사회 정보 통신의 최첨단 시설이었던 봉수대, 전기가 실용화되기 전까지 냉장고 구실을 하였던 석빙고, 오늘날의 관측소에 해당하는 천문대 등을 주대상으로 하였다. 그 밖의 과학 건축물로는 성곽, 고분, 교량 등을 주로 건축적인 관점에서 살펴보았다. 왜냐하면 이들 대상은 우리의 역사시대 이래 지속적으로 만들어져 온 것들로 민족적 정서가 함유되어 있는 동시에 과학성이 돋보이는 구조물이기 때문이다. 그리고 세계적인 과학 건축물인 석굴암이나 해인사 장경판고 등은 천재적인 기술진에 의해 만들어진 건축물이므로 여기서는 다루지 않았다.

　'전통 과학 건축'이라는 용어 정의가 학술적으로 이루어지지 않은 상태에서 몇 종류의 구조물만을 살피는 일은 조심스러운 일임에 틀림없다. 하지만 이들 대상 구조물은 삼국시대 이래 지속적으로 축조, 이용하여 나름대로 우리 선조의 과학적 사고가 깃든 구조물이었다. 이러한 구조물의 과학성을 찾아봄은 의미있는 일임 또한 분명하다.

봉수대

외구(外寇)의 침입이 있을 때 불을 피워서 알리는 것을 봉(烽)이라 하고, 땔나무(柴木)에 불을 질러서 그 연기를 바라보게 하는 것을 수(燧)라 한다. 곧 봉수는 밤에는 봉(횃불)으로, 낮에는 수(연기)로써 급보를 전하는 통신 방법이다.

우리나라 봉수제는 이미 삼국시대 초기부터 이용되고 있던 것으로 보인다. 그러나 정식 제도로 정해지기는 고려 의종 3년(1149)부터였다. 제도 운영의 목적은 군사 이동 상황이나 적의 활동을 신속히 전하여 중앙 정부가 대책을 수립하고자 함이었다. 이 제도의 운영은 많은 인력과 장비를 필요로 하는 것이지만 한편으로 군주의 위세를 보이고 국민을 안심케 하는 통치 수단이기도 하였다.

봉수로는 일반 서민들의 사사로운 의사 표시나 서신을 전달할 수 없었으며 국가의 정치·군사적인 정보 제공을 주목적으로 설치하였다. 곧 국경 지방의 변화되는 상황을 최고 권력자인 임금에게 전하는 가장 빠른 통신 수단이었다. 약정된 신호 내용은 시대에 따라 조금 달랐지만 오늘날의 입장에서 보면 횃불이나 연기를 올리는

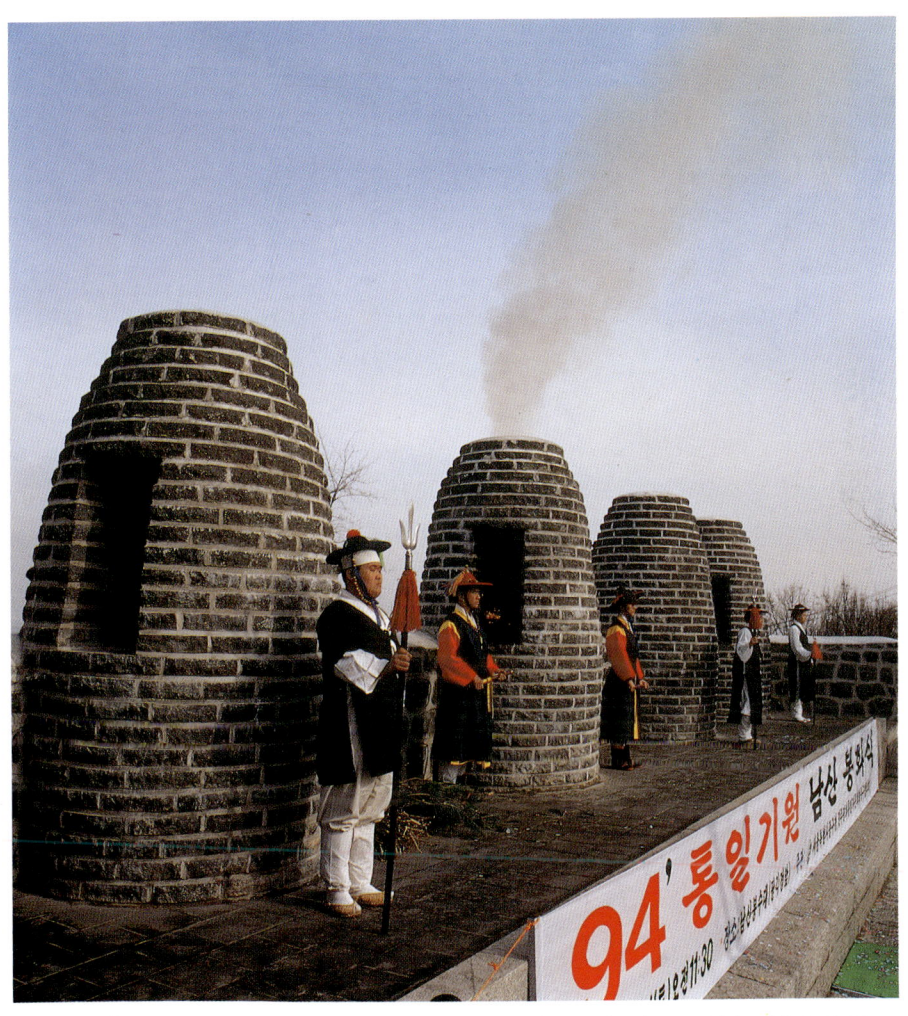

남산(목멱산) 봉수 조선시대의 중앙 봉수로 1로에서 5로에 이르는 전국의 모든 봉수 결과가 이곳으로 집결되었다.

내용에 따라 의사가 구분 전달되는 일종의 디지털 방식이었다.

전국에 수백 개소가 넘는 봉수대는 교대조를 포함하여 많은 봉수군을 필요로 하였다. 방대한 봉수대가 일사불란하게 하나같이 움직여 주기란 현실적으로 어려웠다. 이러한 어려움 속에서도 유사시에 대비하고, 매일매일 전국의 신경망이 살아 움직이고 있는지의 여부를 점검할 수 있는 부수적인 효과가 있었다.

봉수의 역사

중국 주나라 유왕(幽王 : 기원전 781~771년)은 그가 총애하던 포사(褒姒)라는 여인의 웃는 모습을 보기 위하여 여산(驪山 : 중국 장안 부근의 산)에 거짓 봉화를 올리게 하였다가 나중에 큰 낭패를 보았다는 일화로 유명하다. 이미 주나라시대부터 봉수제가 있었음을 보여 주는 좋은 예이다.

구체적인 봉수제의 기록은 후한시대 광무제 유수(光武帝 劉秀 : 25~57년) 때 변경을 수비하던 장군 두무(杜茂)가 오랑캐 침입의 유무를 살펴보기 위하여 멀리 바라볼 수 있는 관망소인 정후(亭候)를 쌓아 일시에 알릴 수 있는 봉대(烽臺)를 만들었다고 하였다.

또한 당나라 때는 봉수소 사이의 거리를 30리로 하였으며 봉화의 횟불 하나에서 넷까지 구분하여 올렸고 봉수소마다 장수 1명과 부책임자 1명 그리고 봉군으로 편성하였다. 전국의 봉수소 관리는 병부에 속하였다. 당 현종 25년(737)에 봉수소는 260개소로, 봉군은 1,380명으로 하였다.

우리나라의 봉수에 관한 최고(最古)의 기록은 『삼국유사』의 「가

락국기」편에서 찾아볼 수 있는데 수로왕(48년) 때 "유천등 거화 어도상 즉경 도하륙(留天等 擧火 於島上 則競 渡下陸)"이라 하여 횃불을 들어 올려 많은 사람들이 일시에 행동할 수 있는 신호로 이용하였음을 알 수 있다.

백제 초기 온조왕 때 "북쪽 말갈이 침입하여 왕이 정병을 거느리고 '봉현(烽峴)'에 나와 공격하였더니 퇴각하였다"는 기록과 고이왕 때 신라의 '봉산성(烽山城)'을 침입하였다는 기록이 있어 삼국시대에 이미 봉수와 관련된 지명을 보이고 있음이 확인된다.

고려

인종 원년(1123) 송나라 사신인 서긍(徐兢)의 견문록 『고려도경』에서 "송나라 사신이 흑산도에 들어서면 매번 야간에는 인근 지역의 산꼭대기 봉수에 순차적으로 불을 밝혀 왕성인 개성까지 인도한다"고 하여 당시 봉수가 제도적으로 운영되고 있었음을 알 수 있다. 기록상 봉수제가 제도적으로 구비된 때는 고려 의종 3년 8월 이후이다. 『고려사』에 의하면 서북병마사 조진약(曺晉若)의 건의에 의해 4기(四炬)로 구분하는 봉획식을 정하였는데 평시 밤에는 불, 낮에는 연기를 각기 하나(1거)로 하고 변방이 위급한 상황이면 둘(2거), 적의 침입으로 전투 임박 상황이면 셋(3거), 적과 접전의 상황이면 넷(4거)으로 하였다. 봉수마다 방정 2인, 백정 20인을 배치하였고 각기 평전 일결(平田一結:농가 1가구 당 지급되는 평지논 면적 단위)을 지급하였다. 한때 고려가 원의 침입을 받았을 때는 원군에 의해 봉수 조직이 운영되기도 하였다.

고려 충정왕 3년(1351)에는 송악산에 봉획소(烽獲所)를 두고 송악 봉수에는 장교 2인, 봉수군 33인을 배치하였는데 이 봉수소는 전국 봉수의 집결소였다. 고려 말 우왕 3년(1377) 5월에는 강화로부터 낮에 봉화 올림이 끊이지 않아 개성의 경계를 엄히 하고 원수(元帥)들을 보내어 동·서강을 나누어 지키게 한 기록(『고려사』)이 있는데 당시 봉수 제도의 운영을 보여 주는 한 예이다.

조선

고려의 제도를 이어받은 조선은 초기까지는 한동안 이상 유무만 구분하는 다소 후퇴된 2거 구분 거화법으로 운영하기도 하였다.

변방에서 왜구(倭寇) 등의 외적 활동이 빈번해지자 해안 지방 등 국경에 대한 경계를 강화할 필요를 느끼게 되었다. 이러한 대책의 일환으로 봉수 제도의 정비가 필요하였다. 조선 태종 때 봉수제의 운영에 관한 기록이 여러 차례 보이는데 이는 봉수 제도를 근본적으로 개선하기보다는 기존의 제도로 봉수의 원활한 운영을 위한 지시였다. 조선의 봉수 제도가 제도적으로 완비를 보게 되는 시기는 세종 때였다.

조선의 봉수 제도는 고려와 당나라의 봉수 제도를 참고하여 고려의 4거 구분법보다 좀더 세분된 5거 구분법으로 개선된 것이었다. 세종 29년(1447)에는 전국 봉수 시설의 허술함을 개선코자 일정 기준을 제시하여 기본적인 시설을 갖추도록 하였으며 상벌 규정을 마련하는 등 제도의 완성을 보았다. 이렇게 마련된 봉수제는 조선의 통일법전인 『경국대전』의 '봉수조' 규정을 마련하는 데 원형을 제공하였다.

세종 때 마련된 조선의 봉수 제도는 조선조 말까지는 큰 변화가 없이 준수되었다. 그 뒤 조선의 역대왕들은 봉수제 운영의 여러 문제점을 보완하면서 유지시키다가 고종 31년(1894)에 팔로(八路)

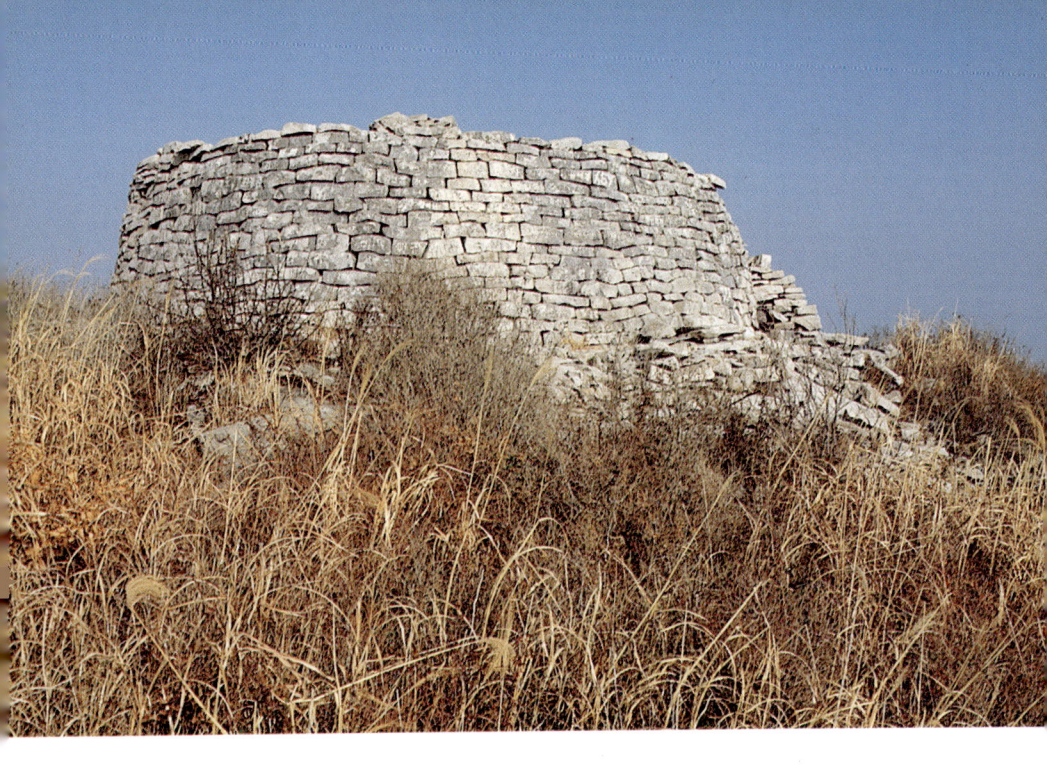

적대봉 봉수대 전남 고흥군 금산면 거금도에 있는 이 봉수대는 해안에서 접근해 오는 적의 활동을
관찰하기 좋은 지점에 위치하고 있다. 시설 규모나 형식으로 보아 세종 29년에 제시된 연변 봉수에
접근된 시설 기준을 갖춘 봉수대로 여겨진다.

의 봉수를 폐지하였고 이듬해 5월 9일에 각처 봉대의 봉수군이 폐지될 때까지 명맥을 유지시켰다.

봉수제의 운영

봉수군의 편성과 신분

중앙은 봉수군과 오원(五員)으로 조직되어 병조 무비사(武備司)의 통제를 받았다. 지방에서는 봉화군과 오장[伍長 : 감고(監考)]으로 편성되어 해당 지역 진장과 수령의 통제 아래 있었다.

도읍이든 지방이든 모두 병조의 무비사로 보고되었다. 병조에서는 매일 중앙 봉수대인 남산 목멱산 봉수대를 바라보고 있다가 승정원을 통해 임금에게 보고하였으며 유사시는 때를 가리지 않고 밤중이라도 보고하였다.

봉수군은 봉수대에 기거하면서 후망(候望)과 봉수를 수행하는 요원을 말한다. 고려 말, 조선 초 이래 봉화군(烽火軍), 봉졸(烽卒), 봉군(烽軍), 봉화간(烽火干), 간망군(看望軍), 후망인(候望人) 등으로 불리었다.

봉수의 관장은 중앙의 경우 병조의 무비사가, 지방의 경우 수령이 맡았는데 감사(監司), 병사(兵使), 수사(水使), 도절제사(都節制使), 순찰사(巡察使) 등 모든 군사 책임자가 그 임무를 맡았다. 특히 수령은 봉화대에서의 봉화군이나 오장의 근무 태도를 감시, 감독하였으며 또한 봉화가 단절되었을 때는 그 사연을 병조에 알리고 관내 봉수의 잘잘못에 대해 공동 책임을 져야 했다.

봉수대의 근무 인원은 봉수의 종류와 지역 사정에 따라 조금 차

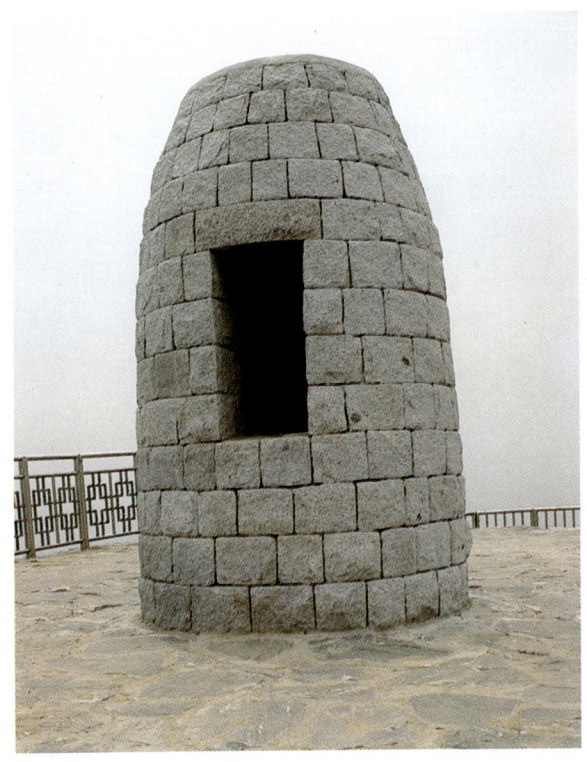

무악산 동봉수 압록강 만포진에서 출발하여 의주, 평양 등 내륙 지방을 통해 무악산 동쪽 봉수에 이르러 경봉수인 목멱산 봉수에 전한다.

이가 있었다. 숙종 11년(1685)에 좌의정 남구만(南九萬)은 "봉수는 한 곳에 빈드시 5번(番)이 갖추어져야 하고 한 차례 근무 서는 자는 7인으로 5보(保)까지 갖추자면 그 수가 많아 한 고을에 8, 9개소씩 되는 봉수를 채우기가 어렵다"고 하였다. 그래서 인원을 줄여 2 내지 3인으로 하여 끊어지지 않도록 하였다(『증보문헌비고』 권 123, 봉수편).

한 예로 세종 28년에 연변(沿邊) 봉수에는 봉군 10명과 감고 2 명, 내지(內地) 봉수에는 봉군 6명과 감고 2명을 배치하였다. 중앙 봉수[京烽燧]인 목멱산 봉수에는 봉군 4명과 오장 대신 오원 2명이 있었다.

봉수대의 운영을 위한 재정 확보는 자체적으로 충당하기 위해 전지(田地)를 경작했고 봉수군의 생활 기반은 여기서 나오는 수익으로 충당하도록 하였다. 만약 흉년이 들어 식량이 부족할 때는 지방관인 감사, 절제사, 진장 등이 적절히 보충해 주도록 하였다.

고려 의종 때(1149년) 방역(防役) 2인과 백정(白丁) 30인을 봉수대에 배치하였다. 그들에게 군전(軍田)을 지급했지만 후하게 대하지 못했으며 이런 점에서 봉군은 백정과 같은 대우를 받은 것으로도 보였다. 고려 때에는 죄인을 벌주는 방편으로 봉졸로 배치하기도 하였고, 양민으로 봉졸을 채우기도 하였으나 사회적 대우는 전반적으로 낮았음을 알 수 있다.

봉수대는 대개 첩첩산중이나 도서 벽지에 위치해 있어 생활 터전과는 거리가 먼 곳이어서 봉수대 근무를 기피하는 경향이 있었다. 그래서 조금이라도 불편을 덜고자 봉수대 가까운 곳에 사는 사람을 봉군으로 삼았다. 그들은 대부분 혼자 살아 가는 사람이든가 노약자 또는 다소 어둔한 사람이 많았다.

봉졸을 감독하는 오장은 원래 봉수대 가까이 거주하는 갑사(甲士 : 각 고을에서 서울에 올라가 숙위하던 군사)나 품관(品官 : 품계를 가진 관리의 총칭) 가운데서 임명하였다. 봉수대에서 성실히 6년을 근무하게 되면 산관(散官 : 정한 사무가 없는 벼슬)에 임명되기도 했다. 『경국대전』에 오장이라는 직책이 보이는데 봉수 근무 강화를 위해 둔 감고가 오장으로 바뀐 듯하다.

근무[番]를 서지 않거나 대신 근무케 하는 등 근무를 태만히 하는 자나 거짓 봉화, 방화 등에 대해서는 엄히 다스렸다. 이러한 경우 이를 감독하는 상급자까지 엄벌로 다스렸다. 연변 봉수의 경우 적의 활동이 일어났는데도 횃불을 올리지 않아 미처 대비가 소홀

하게 되어 성이 함락되면 목을 베고 적이 경내에 침입하여 인민을 포로케 한 경우는 매 100대에 변방으로 보내는 벌을 내렸다. 그 밖에도 예견되는 여러 사태에 세세한 처벌 규정까지 마련하였다.

봉수대는 단순히 봉화를 올리는 임무에만 한하지 않고 표주(標柱)를 세워 경계로 정하고 관할 지역에서 일어난 범죄는 해당 진영에서 단속토록 하였다.

조선시대에는 봉수군과 오장들에 대한 엄한 처벌과 열악한 근무 조건의 개선을 위한 노력이 부단히 계속되었다. 한 예로 암행어사로 잘 알려진 형조판서 박문수는 영조 17년(1741)에 봉군의 확보가 어려우므로 봉군을 봉수사로 신분을 올리고 이들이 일정 기간 충실히 근무하면 절총, 소관, 친기위의 빈자리에 우선 진출케 하는 방안을 건의하였다. 그 밖에도 구름과 안개 다발 지역이거나 거리가 너무 멀거나 짧은 곳을 조사하여 필요한 봉수대를 추가 설치하고 불필요한 곳은 폐쇄하는 등의 노력을 아끼지 않았다.

신호 방식

중국에서는 봉화를 낭연(狼煙)이라고도 하였다. 신호를 올리는 불을 피울 때 이리똥(糞)을 쓰면 연기가 똑바로 올라간다고 하여 생긴 이름이다. 우리나라에서는 이리똥을 구하기 어려웠으므로 소똥이나 말똥을 썼다.

신호 전달 수단은 근본적으로 횃불과 연기이다. 신호를 보내고 받기에 가장 바람직한 장소는 주변에 장애물이 없는 산꼭대기였다. 전국에 망라된 봉수대는 상호 연락이 가능한 거리에 위치하고 있었는데 대략 20 내지 30리(10킬로미터 내외)마다 봉수대를 두었다. 특히 산꼭대기에 위치한 봉수대는 평지와 달리 기상 변화가 심하

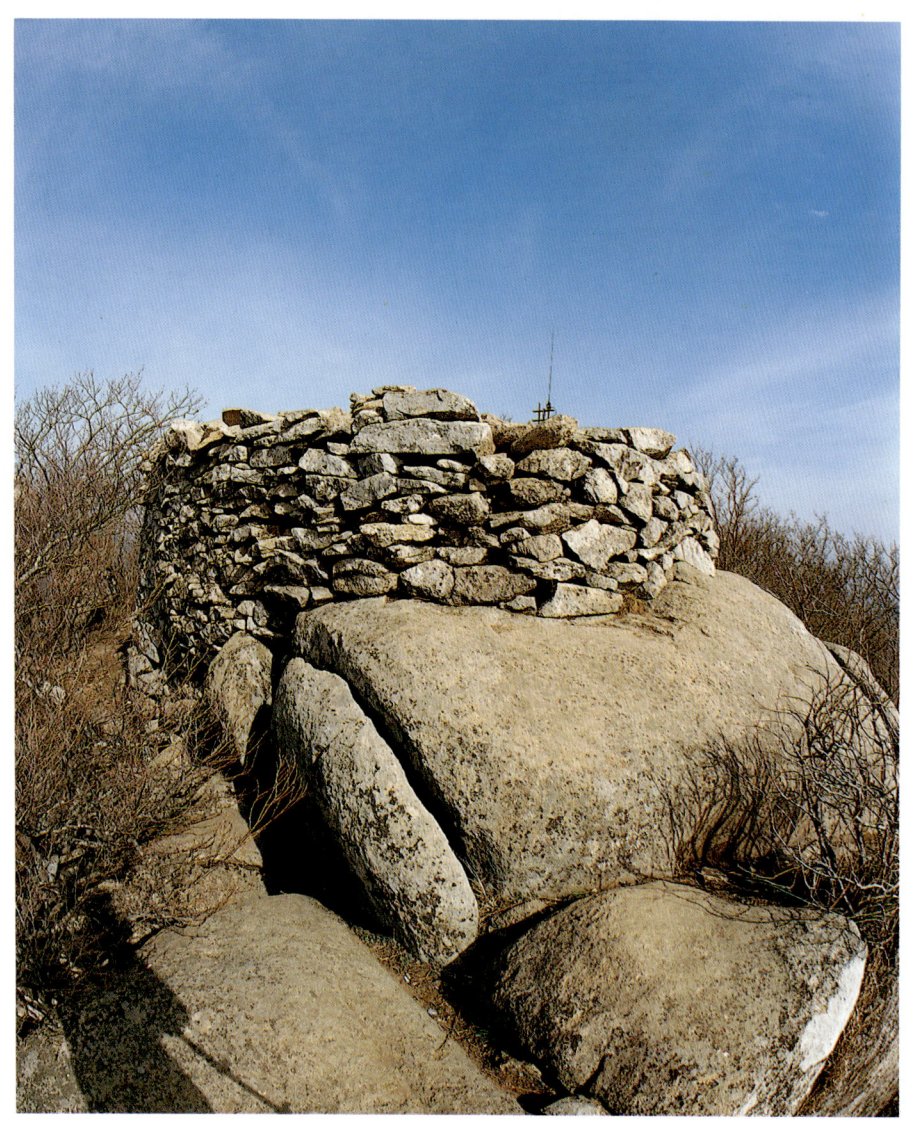

금산 봉수대(위), **적대봉 봉수대**(옆면) 신호를 보내고 받기에 가장 바람직한 장소는 주변에 장애물이 없는 산꼭대기였다. 봉수대는 20 내지 30리마다 두었는데 기상 변화로 의사 전달이 되지 않는 경우에는 봉수군이 직접 달려가 전달하기도 했다.

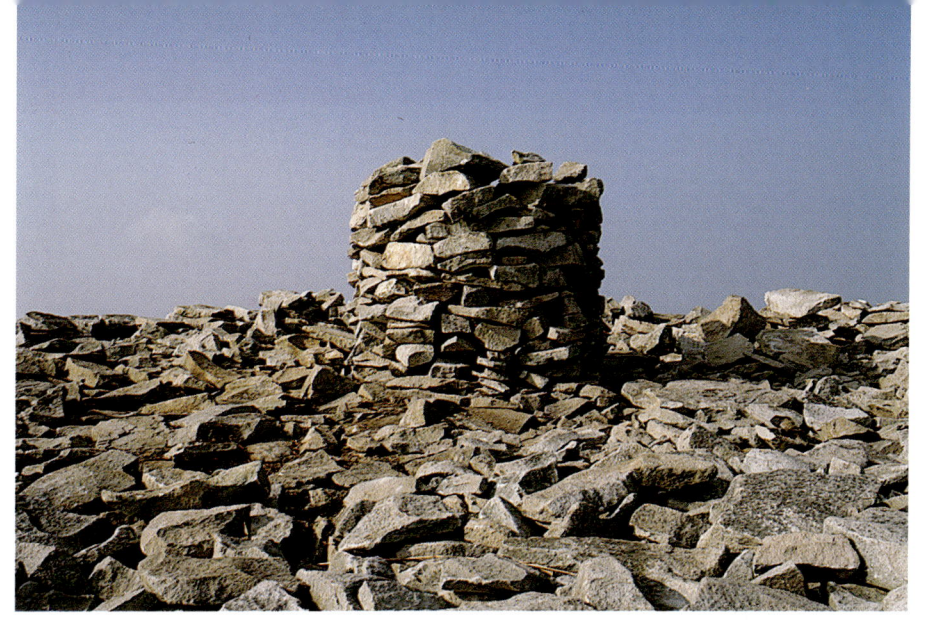

여 의사 전달이 제대로 되지 않는 경우가 많았다. 그래서 신호를 보낼 수 없었거나 잘못 올린 경우에는 봉수군이 직접 다음 봉수소로 달려가 그 사실을 전하여야 했다.

봉수의 전달 방식은 국경의 변방에 위치한 연변 봉수에서 내지 봉수를 거쳐 서울의 경봉수에 이르는 중앙 집결 방식이었다. 그러나 『증보문헌비고』에서 이익(李瀷:1579~1624)이 이르기를 "예진의 봉수 제도는 변방에서 안으로 통달하기도 하고 경성에서 밖으로 통달하기도 하였다"라고 언급한 것으로 보아 반드시 변방에서 중앙 봉수소에 이르는 봉수 전달 체계만 있었던 것은 아닌 듯하다.

한편 지방 수령의 관할 구역 안에서 이상 유무를 알리는 봉수제 운영도 이루어졌다. 감고 곧 오장은 봉수의 이상 유무를 수령에게 보고하되 유사시에는 즉시, 평상시에는 10일에 한 번, 수령은 이를 받아 유사시에는 즉시, 평상시에는 매월 말 감사에게 보고하였다. 한편 수령은 계월(3, 6, 9, 12월)마다 병조에 보고하였다.

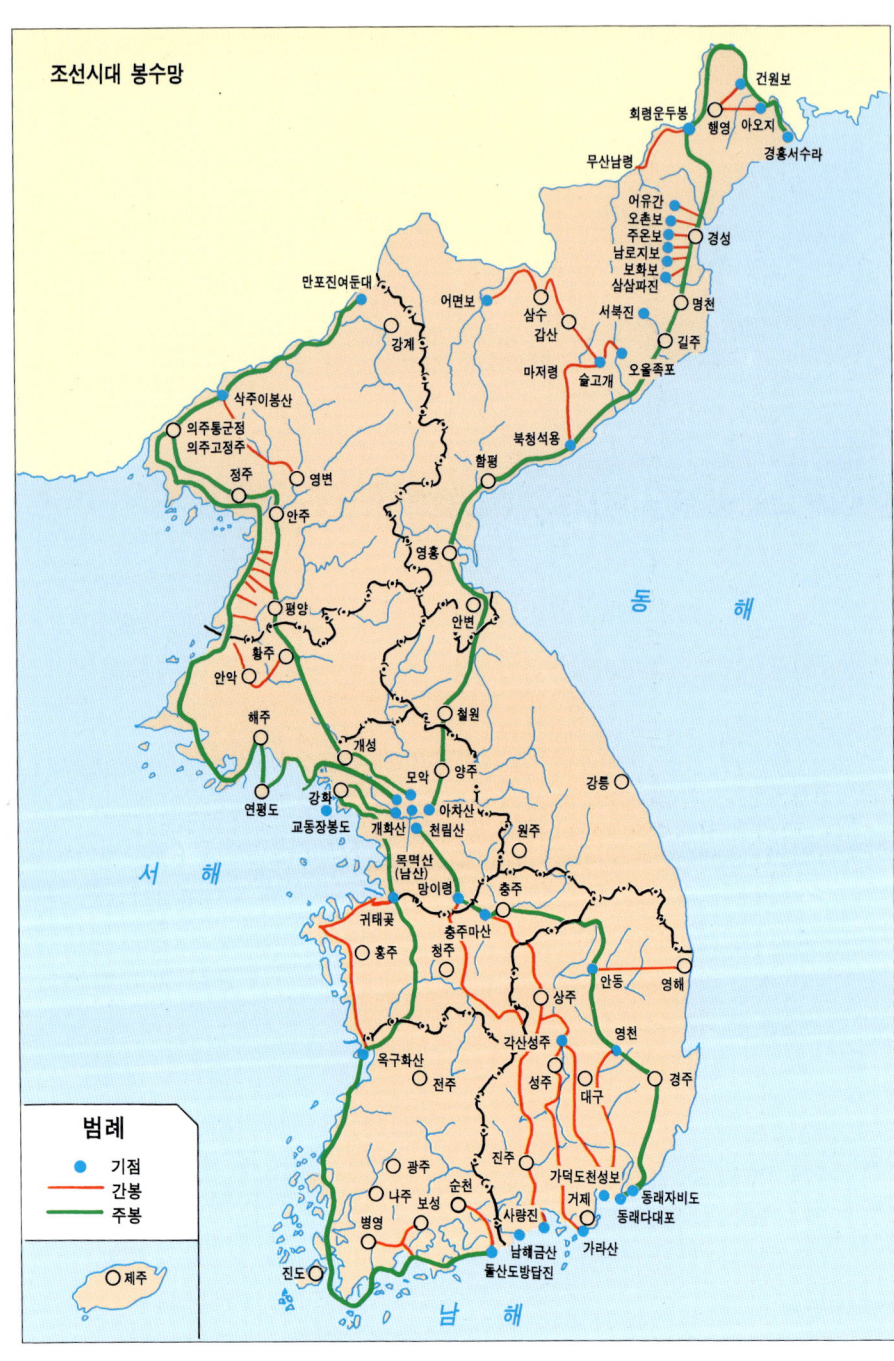

조선시대 봉수망

건원보
회령운두봉
행영
아오지
경흥서수라
무산남령
어유간
오촌보
주온보
경성
남로지보
보화보
삼삼파진
명천
서북진
길주
삼수
갑산
마저령
술고개
오을족포
만포진여둔대
어면보
강계
북청석용
삭주이봉산
의주통군정
의주고정주
영변
함평
정주
안주
영흥
평양
안변
황주
안악
철원
해주
개성
강릉
연평도
강화
모악
양주
교동장봉도
아차산
개화산
천림산
원주
목멱산
(남산)
망이령
귀태곶
충주
홍주
충주마산
청주
안동
영해
상주
각산성주
영천
옥구화산
전주
성주
대구
경주
광주
진주
가덕도천성보
나주
보성
순천
거제
동래자비도
병영
사랑진
동래다대포
남해금산
가라산
진도
울산도방답진

범례
● 기점
— 간봉
— 주봉

○ 제주

동 해

서 해

남 해

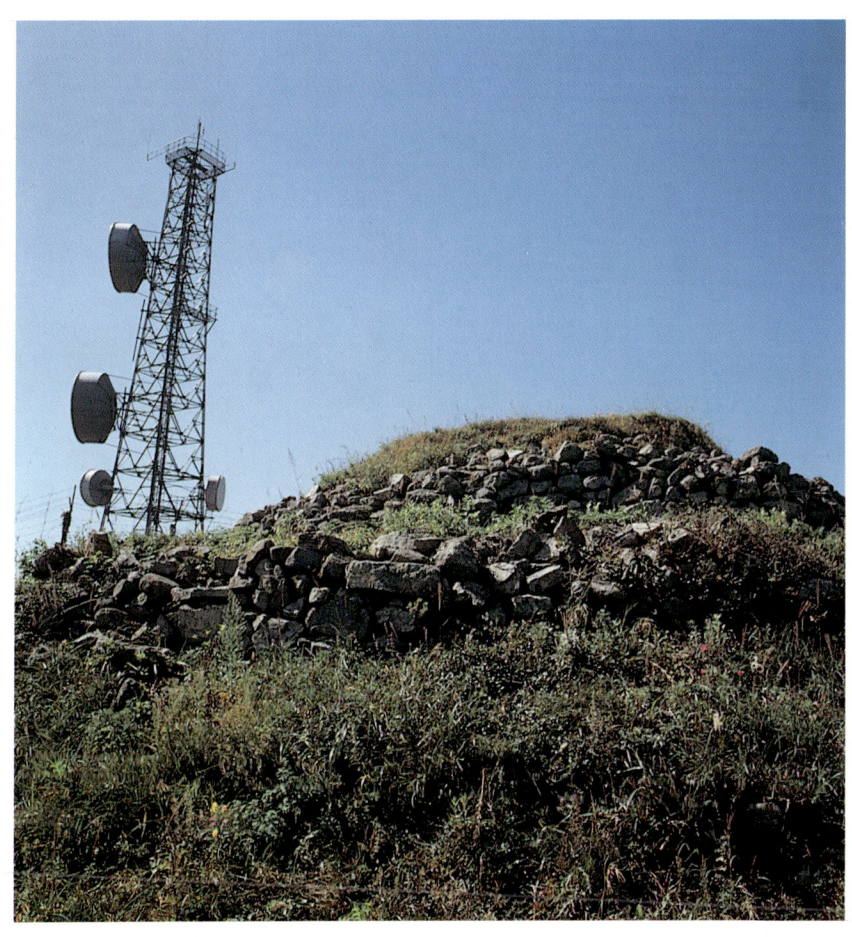

대소산 봉수대 경북 영덕군 축산면 대소산에 위치한 봉수대로 보조 봉수대의 역할을 하는 간봉이다. 전통 사회의 최첨단 통신 수단인 봉수대와 오늘날의 첨단 통신 시설인 중계탑이 같은 장소에 위치하고 있음은 우연이 아님을 보여 준다.

조선시대는 전국을 5로로 구분, 한성의 목멱산 봉수로 집결되게 하였는데 이런 봉수망은 전국의 주요 거점을 전부 망라하는 모습을 보여 주고 있다.

봉수로에는 직봉(直烽) 말고도 간봉(間烽)이라는 보조 봉수대가 적지 않게 있었다. 그 가운데는 직봉 사이의 중간 지역을 연결하는 장거리의 것과 국경 방면의 전선 초소로부터 본진, 본읍까지만 보고되는 단거리의 것 등이 있다.

봉수의 거화 방법은 세종 즉위 때부터 5거로 재구분하고 해상과 육상을 구별하여 보다 세분된 거화 방법을 보여 주기 시작했다.

변방의 연변 봉수에서 올린 봉수는 경봉수인 서울 목멱산의 중앙 봉수소에 얼마 만에 도달될까? 평시에는 정기적으로 신호를 보내는 각 봉수에서의 거화 시간과 서울의 도착 시간이 일정하게 규정되어 있었다. 변방에서의 거화는 낮이었으므로 서울에서 먼 곳일수록 낮에 올리는 연기였고 가까운 곳일수록 횃불이었다.

『증보문헌비고』(권 123, 병고 15, 봉수 1)에 의하면 육진의 경우 오후에 봉화를 올리면 해질 무렵에 경봉수 직전의 아차산 봉수에 도달하였다. 오후 시간을 6시간 안팎으로 본다면 약 1시간에 100킬로미터 정도 전달되는 셈이다.

영조 46년(1770) 7월의 기록에 의하면 봉화를 올리는 시각을 매일 해질 무렵으로 정하여 천여 리를 전달하면 서울의 봉수 시한에 못 맞추므로 좀더 빨리 봉화를 올리도록 하였다. 이러한 예를 보아 정상적으로 전보(傳報)된다면 도달 시간의 차이는 있겠으나 12시간 정도 소요된 것이 아닌가 여겨진다.

이러한 전달 속도는 당시로서는 가장 빠른 통신 수단이었다. 그러나 기상 여건 등으로 제대로 소통이 안 되는 경우가 많았다.

봉수의 종류

경봉수

전국의 모든 봉수가 봉수로를 따라 집결하는 중앙 봉수이다. 고려 충정왕 때 설치된 개성 송악산 봉수소와 조선시대의 한성 목멱산[南山] 봉수가 경봉수이다.

경봉수는 권력의 상징인 임금이 있는 서울의 도성에 위치하여 매일 보고되는 전국의 봉수를 신속히 보고받을 수 있는 곳이다. 목멱산 봉수의 경우 동쪽에서 서쪽까지 횃불이 5개인데 첫째는 함경·강원 양도에서 양주의 아차산 봉수로 온 것을 받고, 둘째는 경상도에서 광주 천임산 봉수로 오는 것을 받고, 셋째는 평안도에서 육로로 모악의 동쪽 봉수로 오는 것을 받는 것이다. 넷째는 평안·황해 양도에서 뱃길로 모악의 서쪽 봉수로 오는 것을 받는 것이며, 다섯째는 충청·전라 양도에서 양천의 개화산 봉수로 오는 것을 받는 것이다.

연변 봉수

국경선이나 해륙 연변 제일선에 설치되어 있는 가장 중요한 봉수다. 일명 연대(煙臺)라 불리기도 하였다.

연변 봉수에는 아무런 방벽이 없어 도리어 적의 침입을 받는 경우가 있어 시설의 개선을 기하게 되었다. 위치상 적의 접근을 알리는 최초의 봉수대로 적의 공격 목표가 되기 쉬운 봉수대였기 때문이다. 따라서 통신 시설로서 뿐만 아니라 국경 초소 또는 수비대 구실도 겸하므로 봉수대 안에서 화기와 장비를 갖추어 유사시에 대처할 수 있는 역할을 담당하여야 했다.

이러한 연변 봉수는 세종 20년(1438)에 구체적인 시설 기준을 제시하고 이를 보완토록 하였다. 연변 봉수는 연대를 높이 쌓고 연조(아궁이)도 5개씩 갖추도록 하였으나 실제 이행 여부는 알 수 없다.

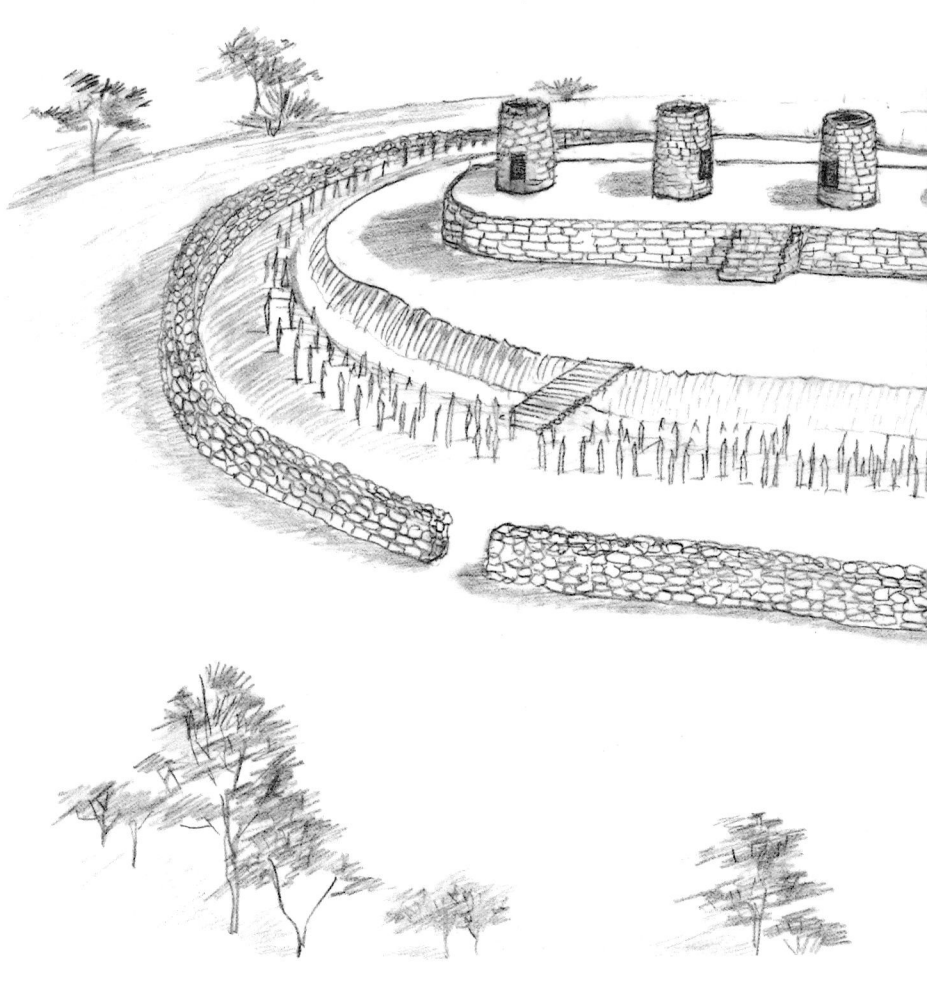

내지 봉수

　경봉수와 연변 봉수를 연결하는 중간 봉수이다. 내지 봉수는 위
치 구분에 따라 간봉과 직봉의 호칭이 있었다. 『만기요람』 「군정
편」에 의하면 전국에 643개소의 봉수대가 있었는데 그 가운데 직

연변 봉수 추정도　연변 봉수는 통신
시설로서 뿐만 아니라 국경 초소나 수
비대의 역할도 겸했으므로 화기와 여
러 장비를 갖추는 등 규모나 시설면에
서 내지 봉수보다 비중이 컸다.

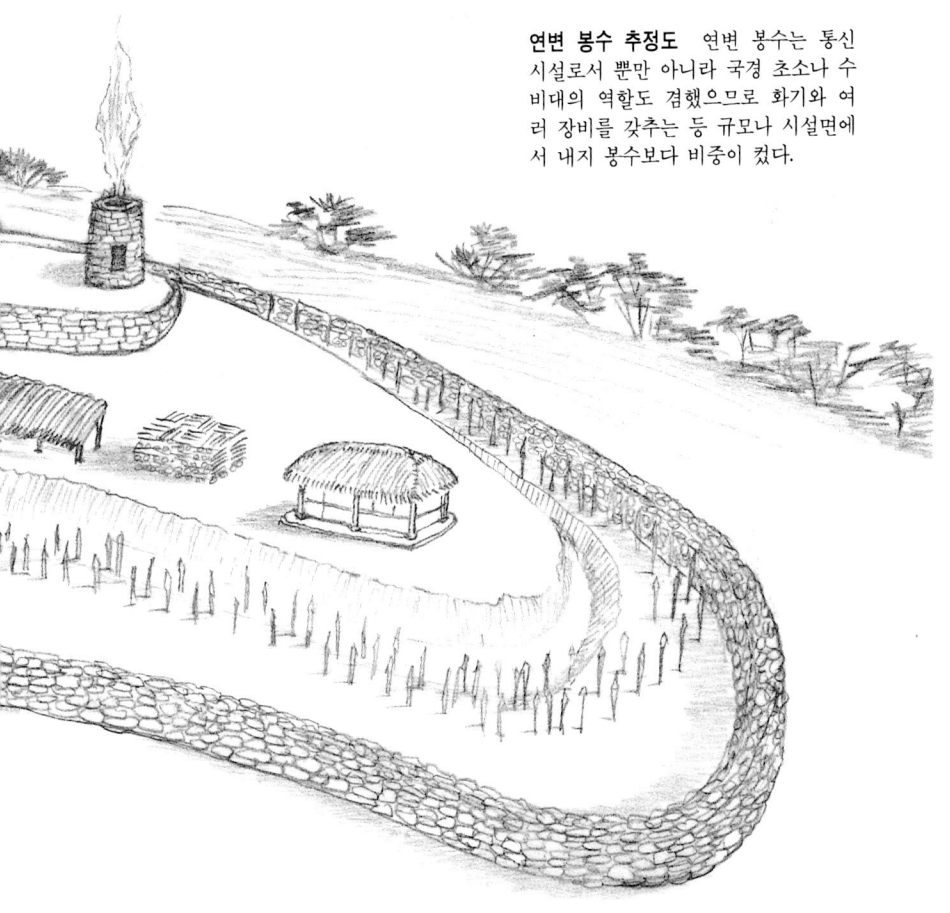

봉수 369개소, 간봉수 274개소로 직봉 못지않게 많은 간봉이 있었다. 연변 봉수는 해안이나 국경 지역에 위치하므로 왜구와 이민족의 침입을 막기 위하여 봉수대마다 10명을 배치한 데 비해 내지 봉수대에는 반도(叛徒)의 반란 등을 고려, 6명을 근무케 하였다.

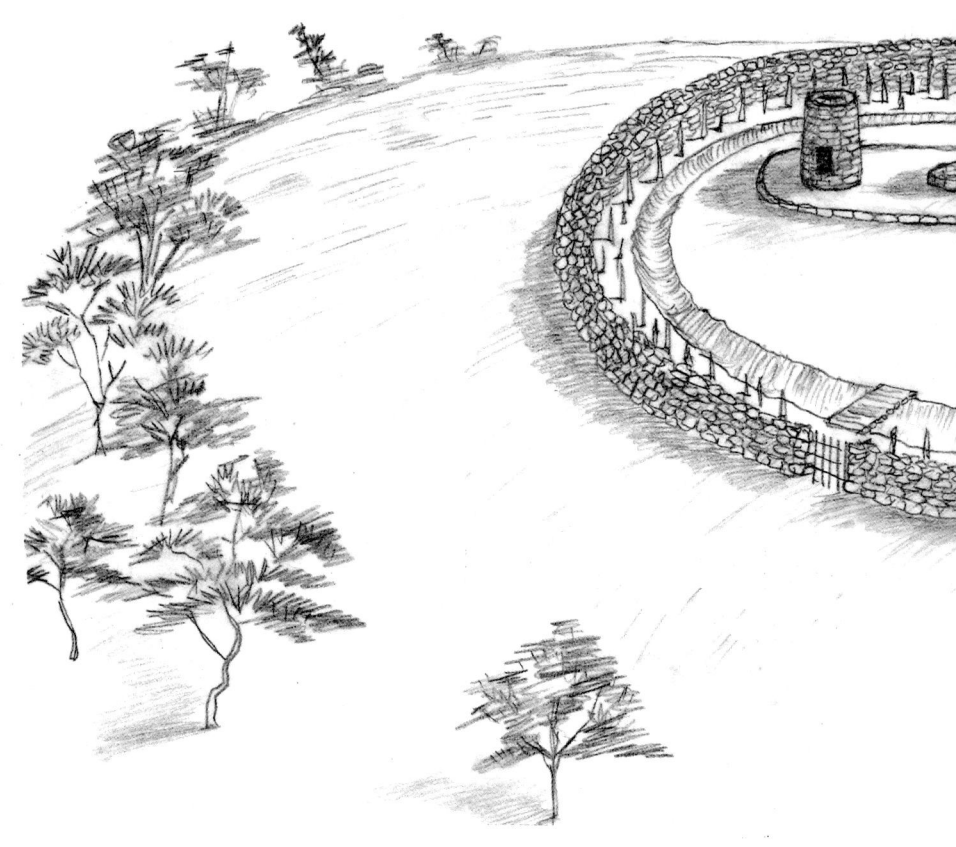

봉수대의 구조

봉수대의 자체 방어 능력이 보잘것없어 적이나 맹수로부터 침습
을 당하는 경우가 많았다. 이를 개선하기 위하여 세종 4년(1422)에

내지 봉수 추정도 내지 봉수는 연변
봉수에 비해 위험도가 적어 규모도 작
았고 연대를 쌓지 않고 아궁이만 설치
한 곳이 많았다.

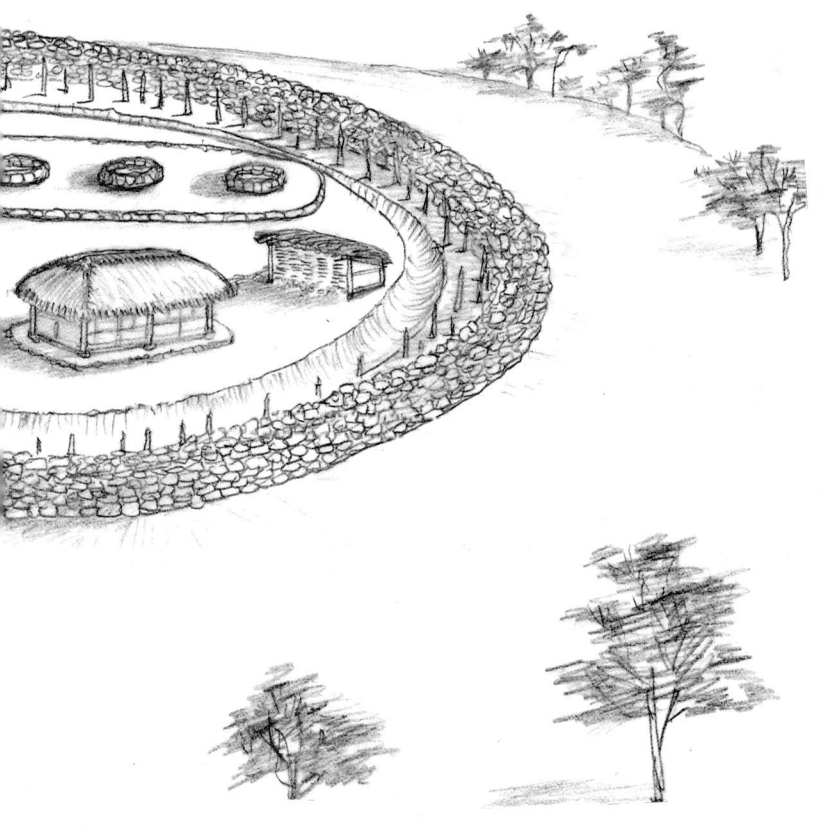

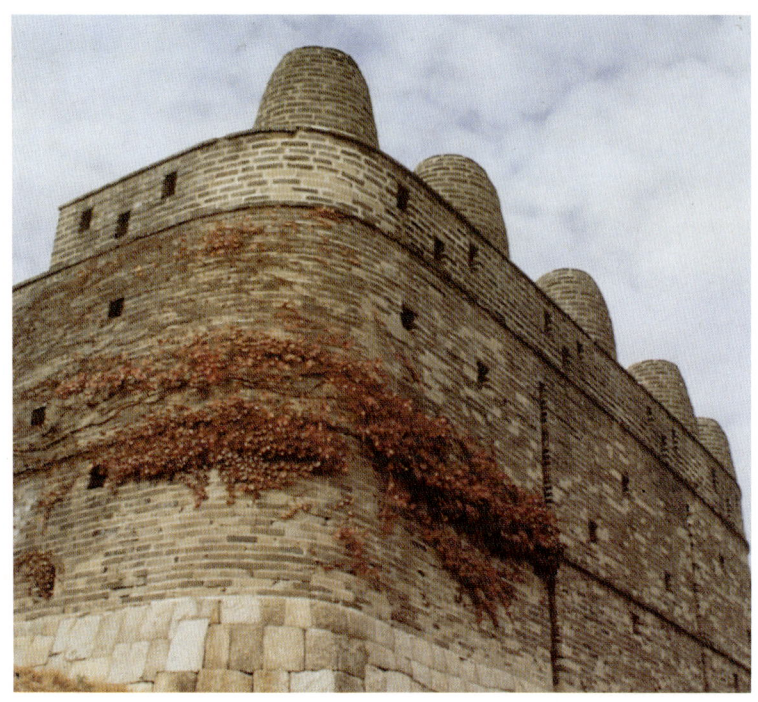

수원성 봉돈 외부 봉수대는 외적의 침탈에 대비하여 성곽 안에 위치한 경우가 많았다.

경상도 수군도안무 처치사가 "봉화대에 보루와 장벽이 없어서 이로 인해 겁탈을 당한다. 법령은 비록 엄하나 사람들이 모두 두렵게 생각하며 마음을 다하여 정찰하지 아니하니, 청컨대 연대를 높게 쌓고 활쏘는 집과 화포와 병기를 설치하여 밤낮으로 연대에서 적의 상황을 살피게 하자"는 건의를 하게 됨에 따라 연대를 높게 쌓도록 하였다.

세종 29년에는 봉수대의 시설 기준을 마련하였다. 이를 살펴보면 연변 봉수에는 연대를 쌓되 높이 25척(7.5미터), 둘레 70척(21미터), 봉수대 아래 4면의 길이가 각각 30척(9미터) 그 밖에 참호를 깊이와 너비 각 10척(3미터)으로 하여 파 놓았다.

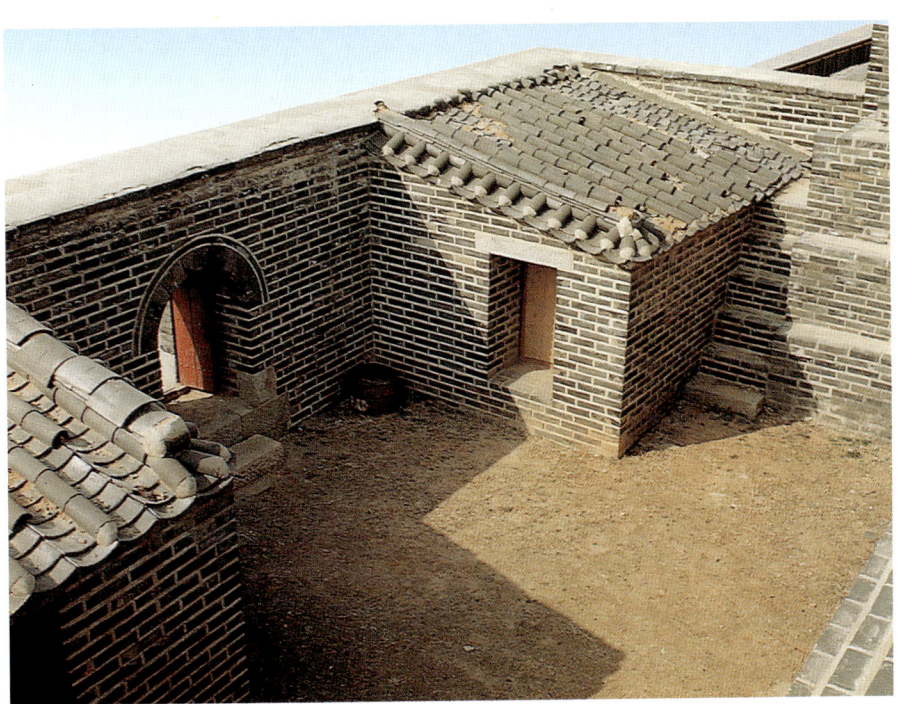

수원성 봉돈 내부 봉돈 내부에는 봉군의 숙식과 물건들을 보관하기 위한 건물을 마련하여 봉수 근무에 필요한 시설을 갖추었다.

참호 밖에 나무 말뚝을 설치하는데 길이가 3척(0.9미터)되는 것을 껍질을 깎아 버리고 위를 뾰족하게 하여 땅에 꽂고 너비는 10척(3미터)이나 되게 하였다. 연대에는 가옥을 만들어 병기와 조석으로 사용하는 물과 불을 담는 그릇 등 필요한 물건들을 간수하였다. 화기 등은 자체 방어를 위하여 설치했고 그 밖에 봉수로 올리는 시설을 구비하여 놓았다.

내지 봉수는 연변 봉수에 비하여 위험도가 적어 연대를 쌓지 않고 아궁이만 설치한 곳이 대부분이었다. 내지 봉수의 시설을 개수할 경우에는 이전에 설치한 곳에 하지 않고 산봉우리 위의 땅을 쓸고 연기 부엌을 쌓아 올려 위는 뾰족하게 하고 밑은 연변 봉수

처럼 크게 하되 모나거나 둥글게 만들었다. 높이는 10척(3미터)을 넘지 않게 하고 바깥에 담장을 둘러 짐승으로부터 보호받도록 하였다. 내지 봉수이더라도 적의 침입이 예견되는 등 위험한 곳에는 연변 봉수와 같이 연대를 쌓았다.

봉수대 조성에 사용된 재료는 주로 석재였다. 그러나 일부는 전돌을 사용하였음을 알 수 있다. 석재나 전돌을 사용하는 경우 강

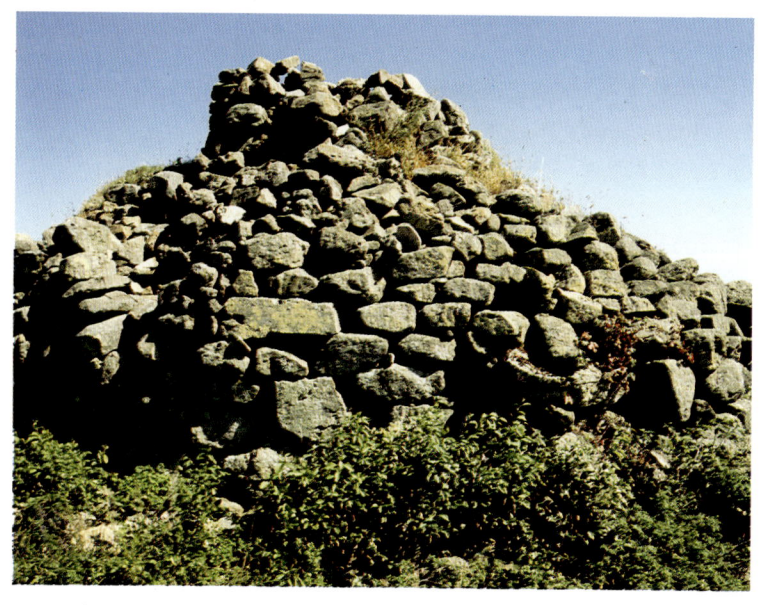

대소산 봉수대 내지 봉수는 연변 봉수와 달리 위험성이 적어 연대 높이는 10척(3미터)을 넘지 않게 하고 짐승의 침입에 대비하여 봉수대 주변에 담장을 둘러치기도 하였다.

회를 곁들여 사용하였음은 물론이고 창고 등 가옥에는 목재 등도 사용되었다.

제대로 시설을 갖추었을 경우 연대가 조성되고 연대 위에 신호를 보낼 수 있는 5개의 아궁이를 갖추었을 것으로 본다. 그러나 현존하는 봉수대의 시설로 보아 제대로 갖춘 경우는 그다지 많지 않았을 것이다. 곧 화두를 갖추고 봉수 근무에 필요한 숙소와 창고를 갖춘 정도로 보인다. 유사시는 5개의 봉수를 보내야 하므로 받는 곳에서 신호 구분이 될 수 있도록 간격을 띄워 간이 시설을 갖춘 것으로 추정하고 있다.

정조 20년(1796)에 화성을 조성할 때 만들어진 화성 봉돈은 가장 이상적인 모형을 제시한 좋은 예이다. 수원성의 경우를 참고로 하면 연조(화두 : 火頭) 사이의 간격은 최소한 20 내지 30리 밖에서 식별될 수 있는 3, 4미터 정도가 아닌가 생각된다.

봉수대 시설 주변에는 거짓 봉화나 단순한 방화를 막론하고 오보를 막고자 하는 대책이 필요하였다. 이를 위해 봉수대 주변에는 화재를 예방하기 위한 조치를 취하였는데 실화(失火)를 염려하여 무당의 굿이나 토속에 의한 잡사 제사를 금한 것도 그러한 이유에서이다.

대표적인 봉수대

목멱산 봉수대
화두가 다섯 개인데 동서로 나란히 설치되어 있다. 동쪽에서 서쪽까지 1로에서 5로에 이르는 봉수의 결과를 받았다.

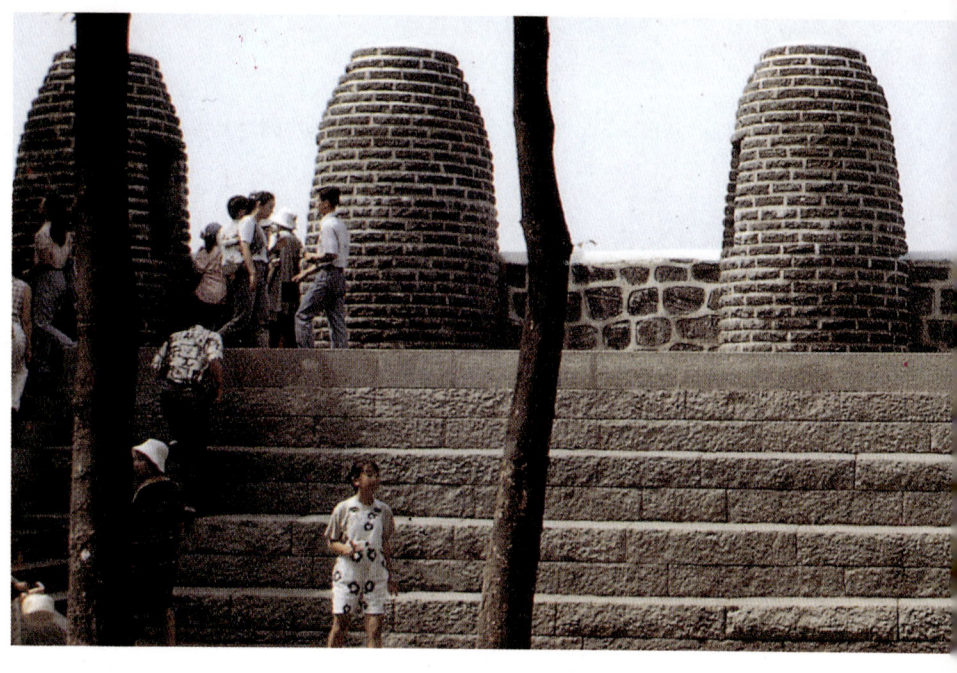

　현재의 봉수대는 최근에 복원된 것으로 당시의 형태를 알 수 없
어 수원성의 화성 봉돈을 참고로 하여 복원한 것으로 보인다.

화성 봉수대
위치 경기도 수원시 장안구 수원성곽(사적 제3호)
재료 전돌과 일부 석재
규모 약 66평

　수원성 봉돈으로 불리우며 수원성의 동문인 창룡문과 남문인 팔
달문 사이인 동남쪽에 위치해 있다. 조선 정조 20년 수원성 조성
때 만들어졌는데 봉돈은 성안에 위치한 행궁(임금이 지방 행차 때
머무는 임시 처소)에서 정면으로 바라보이는 곳에 위치했다.

　보통 때는 남쪽 화두만 사용하였는데 여기서 횃불을 올리면 동쪽

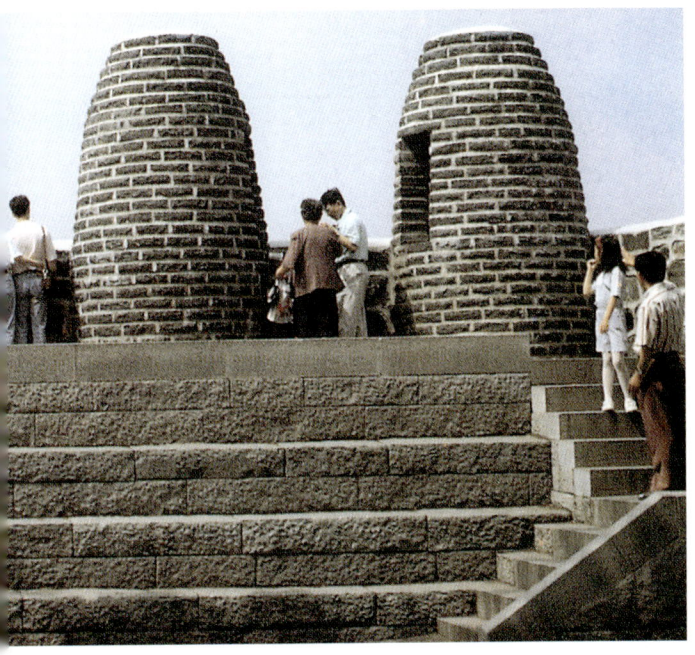

목멱산 봉수 내부 목면산(남산) 봉수는 임금이 있는 서울의 도성에 위치하여 매일 보고되는 전국의 봉수를 신속히 보고 받을 수 있는 경봉수였다. 서울시 중구 남산 정상 팔각정 옆.

으로 용인 석성산(石城山)의 육봉(陸烽)에서 봉화로 응하고, 서쪽으로는 수원부의 흥천대(興天臺) 바다 봉화둑에서 응했다. 그런데 이 사이가 너무 멀어서 화성부 서쪽 30리 안에 있는 누봉산(樓鳳山) 위에 산봉을 두이 오는 봉화를 이곳에서 전담하도록 하였다. 봉수대는 성벽을 따라 조성되었는데 성벽에서 바깥으로 약 6.5미터 돌출한 장방형(가로 18×세로 12미터)의 모양을 띠었다.

적대봉 봉수대
위치 전남 고흥군 금산면 석정리
재료 석재
규모 둘레 약 32미터, 높이 약 2.6미터
거금도 중앙에 위치한 적대봉(592미터) 정상에서 북쪽으로 약 50

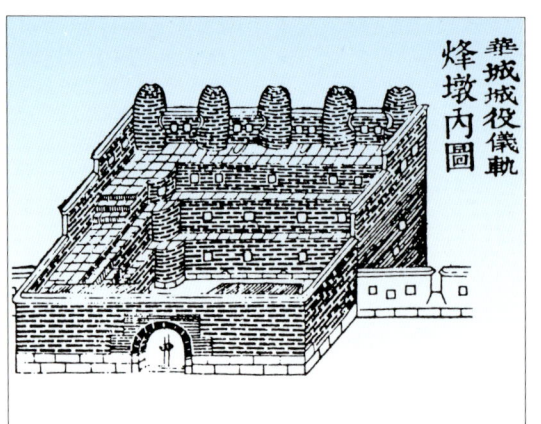

華城城役儀軌
烽墩內圖

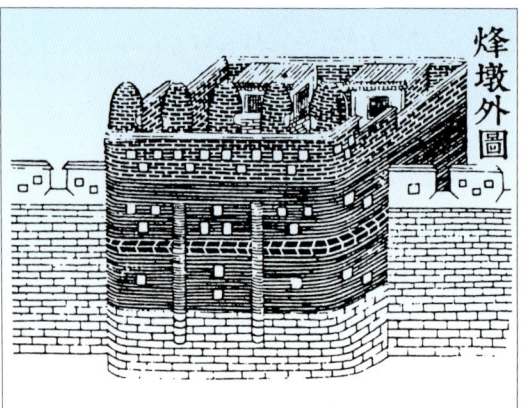

烽墩外圖

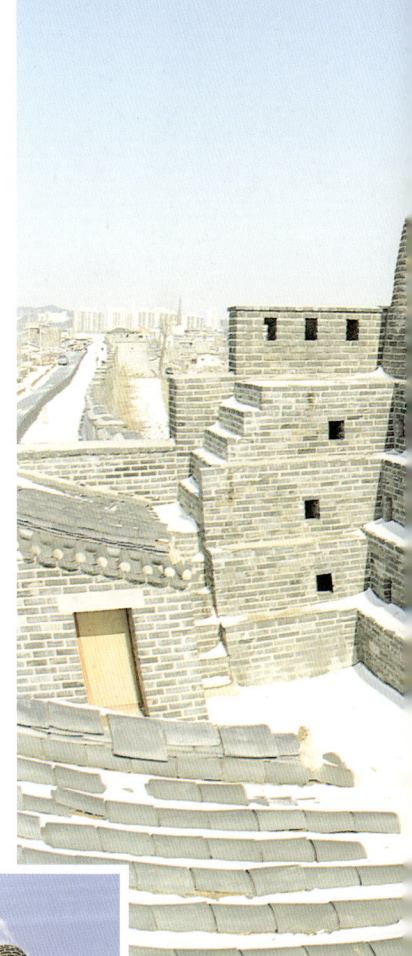

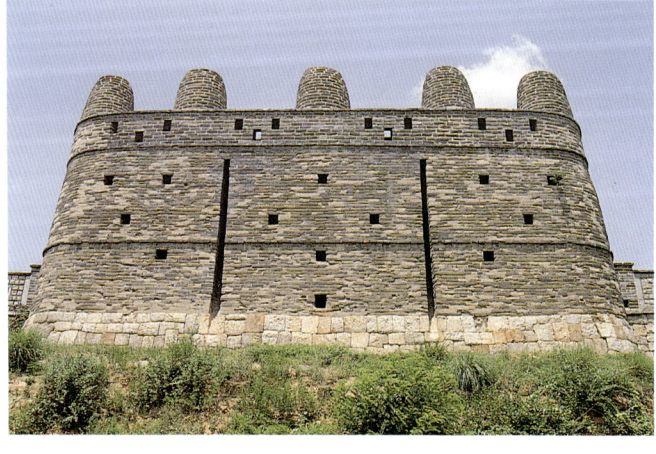

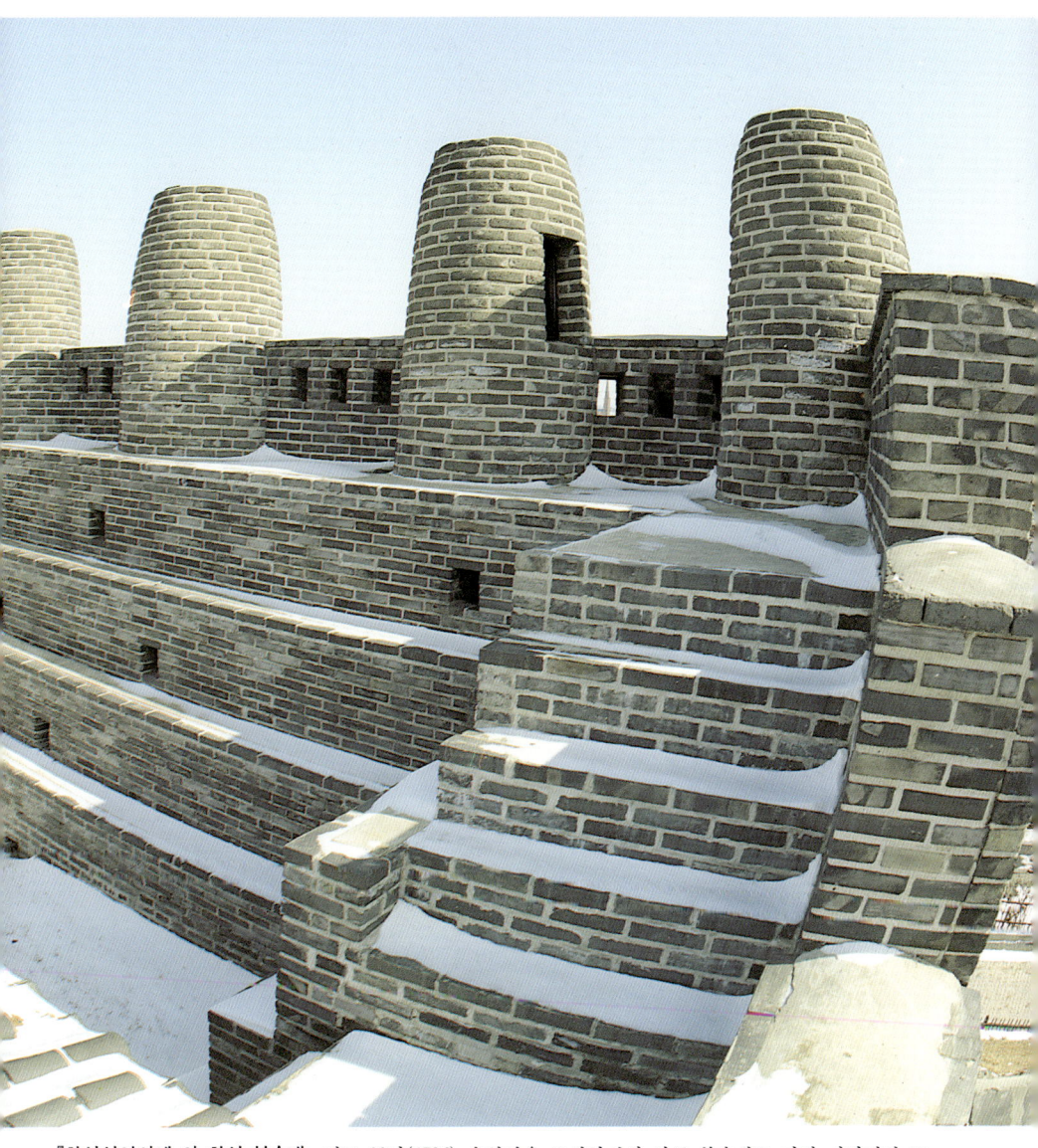

『화성성역의궤』의 화성 봉수대 정조 20년(1796) 수원성을 조성하면서 만든 봉수대로 가장 이상적인 모습을 보여 주고 있다. 수원성의 동문인 창룡문과 남문인 팔달문 사이 동남쪽에 위치해 있다.(옆면 위, 가운데)

봉돈 외부(옆면 아래)

봉돈 내부(위)

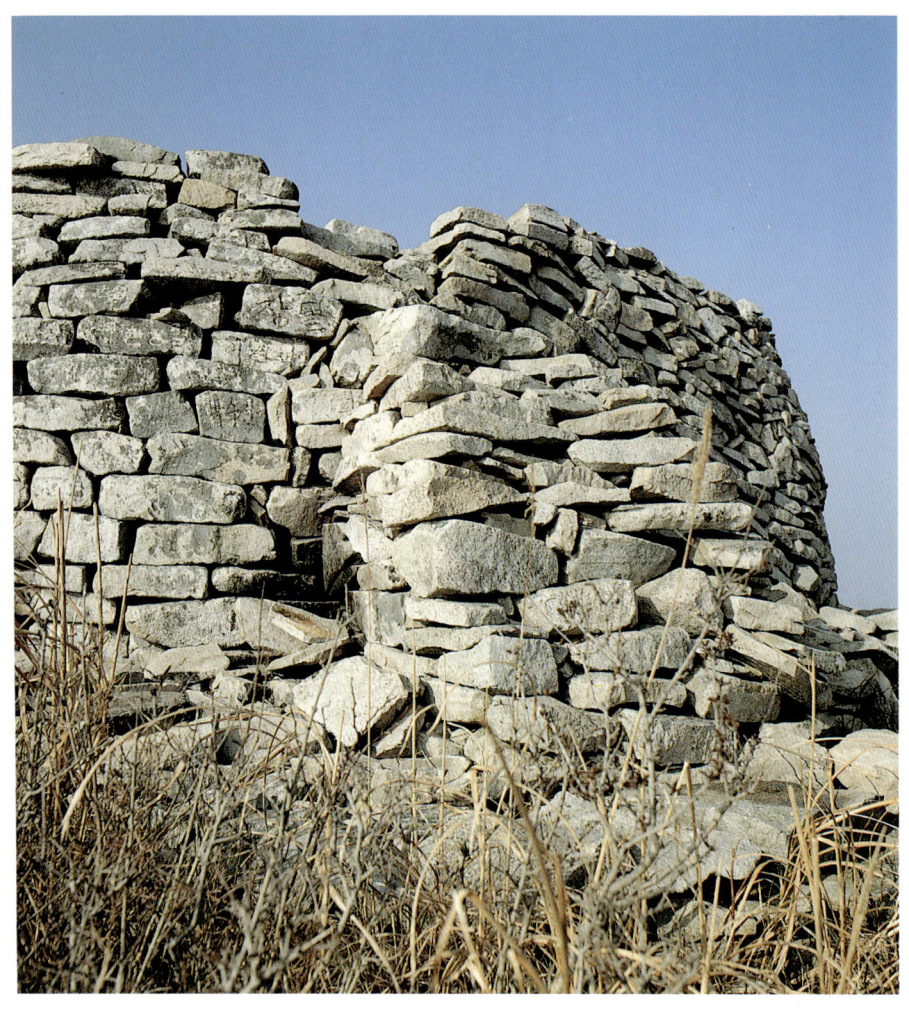

적대봉 봉수대 주변에서 흔히 구할 수 있는 석재를 장방형 마름돌로 가공하여 수직으로 쌓아 올렸다. 전남 고흥군 금산면 석정리.

미터 정도 떨어진 곳에 위치한 봉수대이다. 이곳은 해안에서 접근해 오는 적의 활동을 **관찰하기** 좋은 지점이다. 이 봉수는 고흥반도 천 등산 봉수, 장흥군의 **천관산** 봉수와 신호를 주고받을 수 있다. 시설 규모나 형식으로 **보아 세종** 29년에 제시된 연변 봉수에 어느 정도 접근된 시설 **기준을 갖춘** 봉수대로 여겨진다.

현존하는 봉수대는 둘레 약 32미터, 높이 약 2.6미터로 된 연대를 조성하고 외부로 튀어나온 막돌 계단을 두었는데 연대 상부 가운 데에 연조 일부가 남아 있다. 봉수대에 사용된 석재는 주변에서 생산되는 돌인데 이것을 장방형 마름돌로 가공하여 수직에 가깝게 쌓아 올렸다.

석빙고

빙고(冰庫)는 흔히 일컫는 얼음골(冰谷, 冰穴)이나 바람골(風穴)이라 불리는 곳과는 다르다. 얼음골은 자연 지세와 환경에 의해 이루어진 것이지만 빙고는 오랜 경험과 생활의 지혜를 모아 우리 선조가 이루어 낸 과학 건축물이다.

우리나라 전력 사업의 시작은 서울의 동서 양빙고 제도가 폐지되던 해인 고종 35년(1898)부터였다. 빙고는 전기가 실용화되기 전까지 오랜 기간 냉장고 역할을 하였다.

냉장고는 얼음을 얼리는 기능과 음식의 열을 빼앗는 기능을 인위적으로 하는 기계 장치지만 빙고는 자연의 순리에 따라 추울 때 채집해 두었던 언 얼음을 녹지 않게 효과적으로 보관하는 인공 창고였다. 보관된 얼음은 각종 제향에 필요한 음식 제조에 사용하거나 관료, 노인, 환자 등에게 나누어 주었다.

지구상에서 과연 몇 나라가 녹기 쉬운 얼음을 채취하였다가 봄, 여름, 가을 내내 이용하고도 남을 만큼 기막힌 구조물을 축조할 수 있었을까? 선조들의 과학성에 놀라지 않을 수 없다.

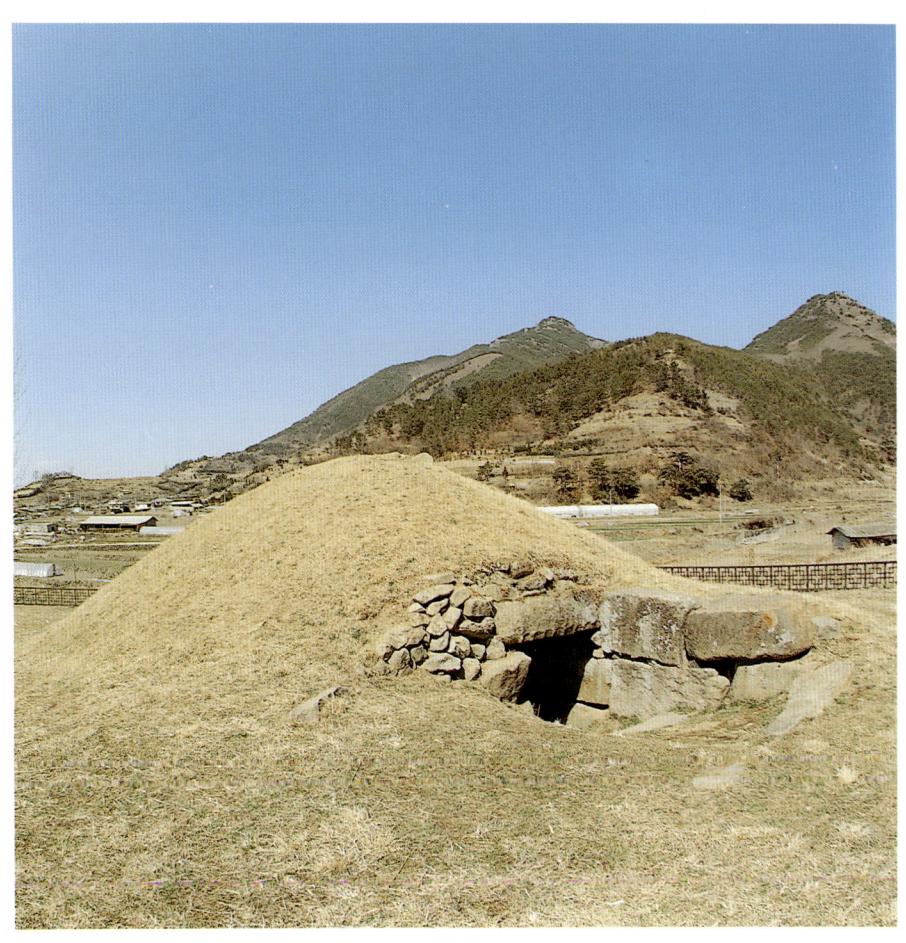

영산 석빙고 겨울철에 채집한 얼음을 보관하였다가 필요할 때마다 사용하도록 고안된 빙고는 우리 선조들의 뛰어난 과학 정신이 깃들어 있는 자랑스런 문화 유산이다. 경남 창녕군 영산면 교리.

역사

"능음빙실야(凌陰冰室也)"(『시경』)라 한 것에서도 알 수 있듯이 옛날에는 빙고를 '능음'이라 하였다. 곧 빙고는 겨울에 자연 현상에 따라 두껍게 언 얼음을 채집해 두었다가 얼음이 생산되지 않는 시기에 사용할 수 있도록 고안된 창고의 일종이었다.

우리나라 장빙(藏冰) 제도의 기록은 삼국시대로 거슬러 올라간다. 『삼국사기』의 「신라본기」에 의하면 지증왕 6년(505)에 "동 십일월 시명소사장빙(冬 十一月 始命所司藏冰)"이라 하여 임금이 해당 관서에 명하여 얼음을 보관케 한 것이 시작이었다.

교통이 발달하지 못했던 옛날, 얼음을 보관하고 있는 장소가 먼 곳에 떨어져 있을수록 운반하기가 힘들었다. 그래서 주로 반빙(頒冰) 대상이 많은 고을의 중심지나 궁궐 가까이에 위치한 강변에 빙고를 설치하게 되었다. 이로 미루어 볼 때 당시의 경주에는 궁성 중심지에 빙고를 설치해 이용하였음을 알 수 있다.

고려시대의 빙고는 반빙 제도까지 소상히 알려져 있지만 수도 개성의 빙고는 잘 알려져 있지 않다. 기록에 의하면 평양에는 내빙고, 외빙고가 있었는데 내빙고는 평양의 사간도무사(四間都務司)의 남쪽 언덕에, 외빙고는 십칠간육로문(十七間六路門) 밖에 있었다고 한다(『평양속지』 공서조).

조선시대는 고려의 제도를 본받아 태조 5년(1396)에 동빙고, 서빙고를 설치하였다. 이 양빙고는 예조의 속아문에서 관장하여 얼음을 저장하고 출납하는 일을 맡아보게 하였는데, 이러한 장빙 제도는 광무 2년(1898)에 양빙고 제도가 폐지될 때까지 지속적으로 운영되었다.

운영

신라 지증왕 때는 내성에 소속된 빙고전(氷庫典)이라는 관청을 두고 빙고를 관리하였다. 고려시대에는 정종 2년(1036) 입하절(5월 초)에 얼음을 진상케 한 기록(『증보문헌비고』 제63권 장빙)이 보인다. 또 문종 3년(1049)에는 매년 6월부터 입추(8월 초) 전까지 나이가 많아 벼슬에서 물러나긴 했지만 공적이 많았던 퇴직 관료에게는 3일에 두 차례씩, 좌·우복시, 육부상서 등의 고급 관리에게는 일 주일에 한 차례씩 나누어 주도록 제도화하였다.

조선시대는 태조 5년에 빙고의 관리 관청을 예조의 속아문에서 맡게 하여 동빙고와 서빙고 등 양빙고를 설치 운영하였다. 궁궐 안에는 별도로 내빙고를 두어 궁궐 주방의 얼음 수요를 맡았다. 얼음의 보관과 반출은 빙고(종6품 : 衙門)에서 관장했으며 제향에 올리는 얼음은 봉상시(奉常寺 : 제향과 시호를 맡아 보는 관아)에서 맡았다(『대전회통(大典會通)』).

상업이 발달하지 않았던 시기에는 국가 기관이 아니고는 빙고를 갖추기 어려운 실정이었다. 그러나 18세기 영징조 시대 이후 상업 지역으로 발달했던 한강변을 비롯하여 전국 여러 곳에서 생선 보관용 얼음을 공급하던 사빙고가 존재했었다. 하지만 현재까지 남아 있는 빙고는 관에서 만들어 운영하던 것들이다.

조선 단종 2년(1454)에 사헌부에서 건의하기를 "예전에 대부(大夫 : 정1품에서 종4품의 벼슬까지) 이상은 얼음을 저장하지 않는 이가 없었는데 지금은 국가의 빙고에 저장한 것이 한도가 있어서 신하들에게 널리 나누어 주지 못하니 상제(喪祭)에 쓰지 못하고 있다. 이제부터 고례(古例)에 의해 대부 이상과 각사(各司)에서 얼음

을 저장할 수 있는 자는 금하지 말게 하자"라고 하였다. 이는 얼음
의 이용이 특수한 계층만이 아니고 환자나 죄수에 이르기까지 일
반화되었음을 보여 주는 것이다. 개인의 경우는 지급받은 얼음을
일시적이나마 효과적으로 보관하기 위한 간단한 시설이 있었는데
남아 있는 예가 조사되지 않아 어떠한 형태였는지 알 수 없다.

빙고의 운영에는 많은 인력과 비용이 들었는데 직역 인부인 빙
부를 두었다. 이들에게 지급하는 토지를 빙고전(冰庫田)이라 하였
는데 조선시대 동·서빙고의 경우 빙부가 50명이었다. 그 밖에도
빙고 운영에 필요한 빙미조(冰米條)를 운영하였다. 빙미조는 얼음
의 채집뿐 아니라 빙고를 수리할 때 드는 각종 비용을 충당하기
위해 마련된 재원이었다.

빙고에 저장하는 얼음은 두께가 12센티미터(四寸) 이상이 돼야
만 했다. 이 정도의 두께가 되어야 여름을 넘기고 가을까지 보관
하는 데에 별 어려움이 없었기 때문이다.

얼음의 저장과 반출은 엄격히 규제됐다. 만약 얼음의 보관을 소
홀히 하여 저장한 얼음이 녹아 없어지면 파면시키는 등 엄격하게
관리하였다. 강이나 계곡에서 얼음을 채울 수 없을 경우에는 산속
의 얼음을 가져다 채우기도 하였다. 그러나 가끔 겨울 날씨가 지
나치게 따뜻하여 빙고에 채울 얼음을 채취할 수 없는 경우에는 국
가적인 기한제(祈寒祭) 또는 사한제(司寒祭)를 지내기도 하였다.

빙고에서는 얼음을 집어 넣는 장빙이나 얼음을 꺼내는 개빙(開
冰) 때 제를 지냈는데 이 제를 기한제 또는 사한(冰神을 말함)제
라 하였다. 조선시대의 사한단(司寒壇)은 동빙고 북쪽에 있었다.

동빙고　태조 5년 두모포(豆毛浦, 현 옥수동)에 설치하였는데
그 뒤 연산군 10년(1504)에 서빙고 남쪽으로 이전하였다. 동빙고는

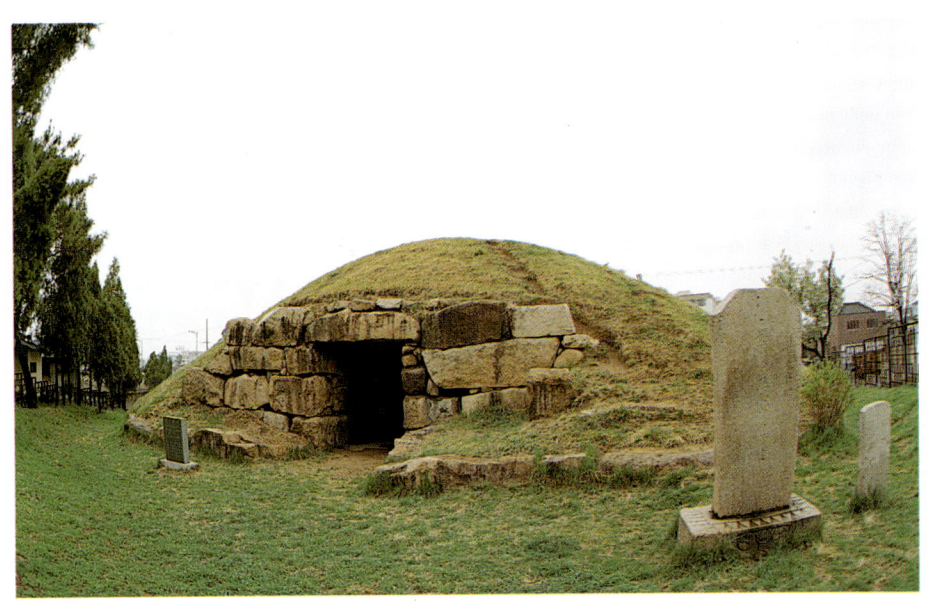

창녕 석빙고 영조 18년(1742)에 높이 6.1미터, 길이 19미터의 규모로 축조되었다. 창녕군 교육청 앞 개울 건너편에 있다.

각 제향에 사용할 얼음을 보관하였는데 깨끗한 얼음을 채취하고자 두모포 앞 저자도(楮子島, 현 뚝섬) 지역까지 나가 얼음을 채취하였고 봉상시의 주관으로 장빙하였다.

동빙고의 채취량은 1만 244정(丁:얼음 한 덩어리)이었다. 이곳에 저장한 얼음은 공급 시기가 정해져 있었다. 종묘, 사직 이하의 제사 때에는 동빙고에서 얼음을 공급하는데 음력 3월 1일부터 상강(양력 10월 하순)에 끝났다.

서빙고 둔지산(屯之山, 현 서빙고동 파출소 주변) 산기슭에 설치되었는데 저장고가 8동이며 저장량은 13만 4,947정에 달했다.

얼음 저장 때에는 군기감(軍器監), 군자감(軍資監), 예빈시(禮賓寺), 내자시(內資寺), 사섬시(司贍寺), 사재감(司宰監), 제용감(濟用監)에서 주관하였다(『증보문헌비고』직관고:장빙). 서빙고에 보관된 얼음은 국가 행사와 관청, 재상들이 사용하는 것이었다.

그 밖에도 국가에서 관리한 빙고로 내빙고가 있다. 내빙고는 조선시대 궁궐 전용의 창고로 창덕궁 요금문(曜金門) 안에 있었다. 자문감(紫門監)에 소속되어 있었으며 책임자는 종5품의 아문이었다. 해마다 보관되는 얼음은 2만 정으로 궁궐의 부엌과 각 전(殿), 궁(宮) 등지에 공급되었다.

구조

오늘날까지 남아 전하는 빙고는 모두 석빙고로 18세기 초 영조 대에 축조하였거나 개축한 것이 대부분이다. 남아 있는 빙고 가운데 숙종 때 만든 청도 석빙고가 가장 이른 시기에 축조되었고 나머지는 전부 영조 때 것임 또한 특징적이다.

빙고에 관련된 비문을 살펴보면 많은 재력과 기술 인력이 드는 사업이기 때문에 재력있는 독지가라 하더라도 쉽사리 축조할 수 없는 대상이었음을 알 수 있다.

빙고는 반빙 대상을 고려하여 규모가 정해지게 마련이다. 고을 규모가 큰 경주나 해주 등의 빙고는 대부분 30평이 넘었고 규모가 적은 경우 10평 남짓했다.

빙고는 축조 재료에 따라 목조 빙고와 석조 빙고로 구분해 볼 수 있다.

목빙고(木冰庫)

현존하는 빙고는 축조 재료의 특성상 전부 석빙고이나 중앙 정부에서 직접 관리하던 동·서빙고가 목빙고였음을 볼 때 적지 않은 빙고가 목조였던 것으로 보인다.

목조 빙고가 어떠한 형태를 하고 있었는지는 정확히 알 수 없다. 다만 기록을 통해 살펴보면 우선 골조로 사용된 재료는 육송이었음을 알 수 있다. 그리고 보온성이 좋은 갈대, 솔가지, 짚 등을 촘촘히 잘 엮어 얼음이 쉽게 녹지 않도록 두껍게 채웠다(『용재총화』 권 8, 14).

해마다 얼음을 떠서 저장할 때가 되면 경기 백성을 시켜 고치도록 했는데 재목 값이 비싸서 백성들이 심히 고통스럽게 여기니 청컨대 사람이 거처하는 집 모양으로 빙실을 지어 관리를 시켜 지키게 하면 수십 년 이후까지 오래 갈 터이니 해마다 고쳐 짓는 폐단이 없을 것이라 하였다(『세종실록』).

목조 빙고는 수혈 주거와 같이 땅을 파고 기둥을 세워 대들보를 얹고 서까래를 걸친 간단한 창고 구조였던 것으로 보인다. 그리고 가옥과 같이 하여야 한다고 건의한 것으로 보아 주초석도 제대로 갖추지 못한 조잡한 창고 건물이 아니었나 추정된다.

석빙고(石氷庫)

석빙고는 멀리서 보면 마치 길이가 다소 긴 디원형 고분 형태를 하고 있다. 빙실은 주변 지반과 비교하여 절반은 지하에 있고 나머지 절반은 지상에 있는 구조이다.

우선 빙고를 설치하고자 하는 곳에 빙실이 들어갈 수 있도록 넓게 구덩이를 판다. 대개 빙실은 장방형의 형태를 띠고 있는데 바닥은 출입구 쪽이 높고 반대쪽이 낮게 경사지게 조성한다.

현존하는 빙고의 예로 보아 빙실의 폭은 대개 4 내지 6미터이고

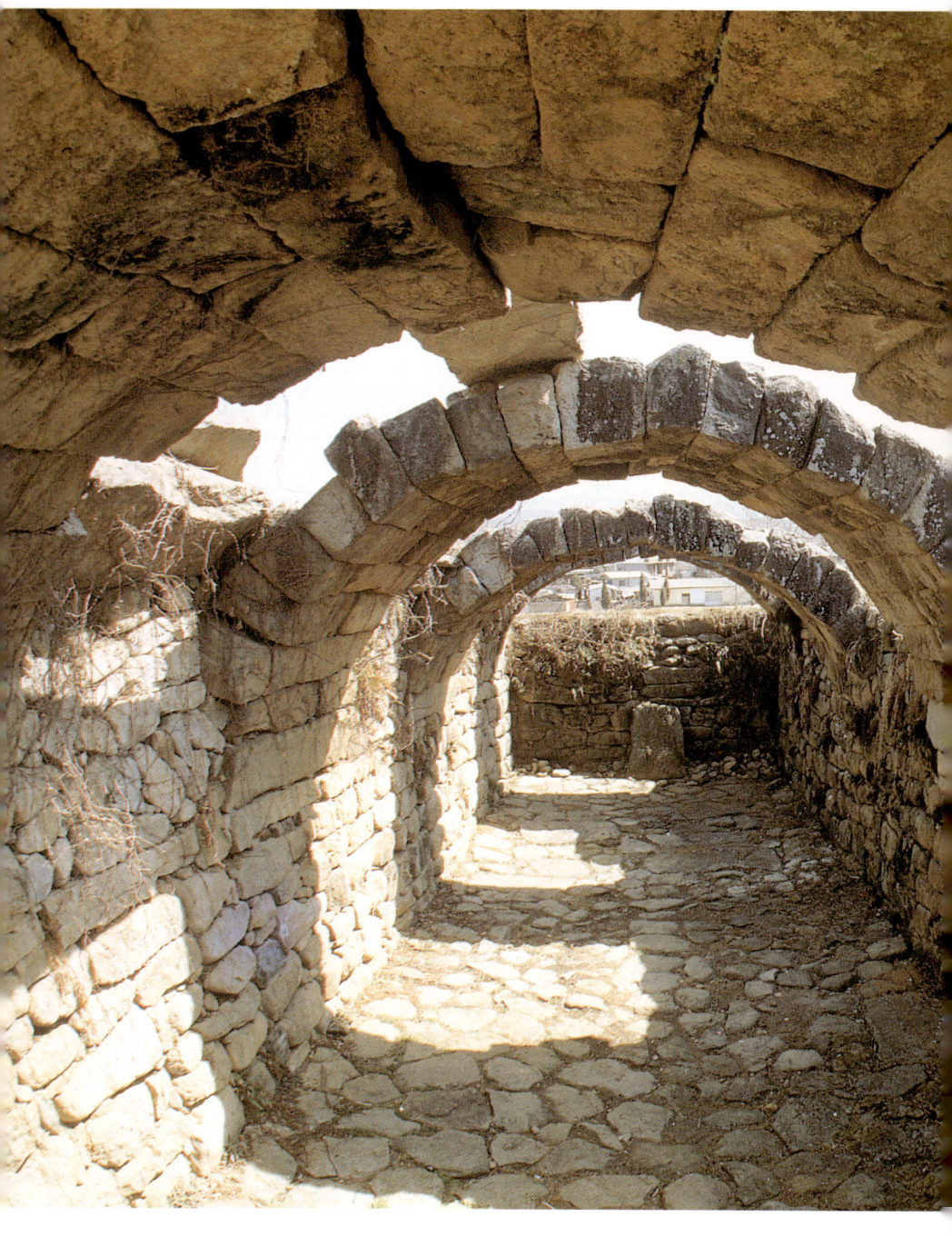

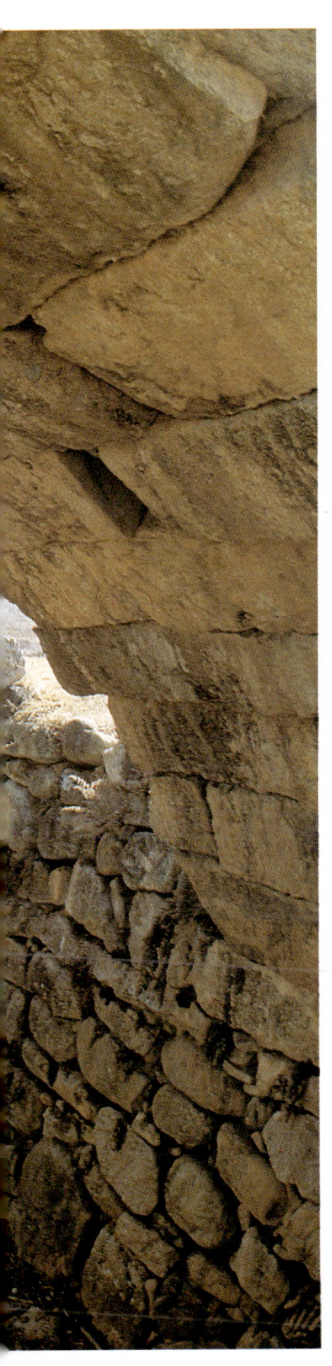

길이는 다양하다. 빙고의 규모는 길이에 의해 좌우되는데 현존하는 빙고는 길이가 폭의 2 내지 4배가 되는 것이 많다.

빙고 바닥은 흙다짐 또는 넓은 돌을 깔아 놓았는데 바닥이 경사져서 빙실 안에서 얼음이 녹아 발생한 용해수는 바닥 중앙이나 가장자리에 배수로를 만들어 밖으로 빠져 나가도록 만들었다. 특히 이 용해수는 빙실 안의 열을 많이 빼앗으므로 생기자마자 배수되게 함이 중요하였다.

빙고 구조에서 가장 특징적인 요소는 빙실 천장을 이루는 홍예(虹霓)틀 구조에 있다.

이 형식은 전체를 홍예로 튼 구름다리나 성문 등과는 달리 홍예틀을 일정 간격으로 세우고 이

청도 석빙고의 홍예틀 구조(왼쪽)**와 홍예틀 사이에 얹은 판석**
(아래) 홍예틀을 일정 간격으로 세우고 이를 구조재로 하여 그 사이를 석재로 쌓거나 판석을 얹었다. 빙고 구조에서 가장 특징적인 요소는 빙실 천장을 이루는 홍예틀 구소에 있다.

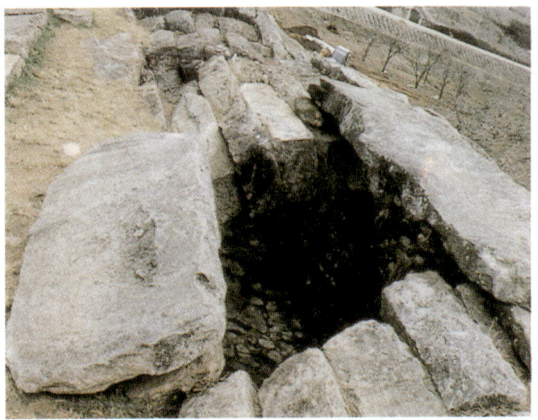

를 구조재로 하여 그 사이를 석재로 쌓거나 판석을 얹어 빙실 공간을 구성한 것이다.

빙고에 사용된 석재는 우리나라 전역에 널리 분포된 질 좋은 화강석이었다. 용도마다 규격의 차가 있으나 대개 2 내지 4인이 목도로 운반 가능한 크기의 돌(500킬로그램 안팎)이었다. 석재는 정다듬 정도로 정교하게 가공하여 사용하였다. 기록에 의하면 빙고 건립 때 철물과 회를 많이 사용하였는데 철물은 석재와 석재 사이가 서로 분리되지 않도록 은장(隱藏)으로 사용한 듯하고 석회는 봉토 조성 때 진흙과 함께 썼던 것으로 보인다.

아치 구조로 된 빙실은 기둥이 없어 미끄러운 얼음을 취급하는 데 편리할 뿐 아니라 일정한 천장 높이를 유지하면서 빙실의 공간을 확보할 수 있었다. 천장에는 빙실 규모에 따라 홍예보 사이에 공간을 이용하여 환기 구멍을 내었다. 이러한 환기공의 시설은 봉토 바깥까지 구조물이 나오게 하고 그 위에 환기공보다 큰 개석을 얹어 빗물이나 직사광선이 들어가지 않도록 하였다. 환기공은 0.3×0.3미터 정도의 크기로 2, 3개가 일반적이다.

문은 사람의 집과 달리 특정 방향으로 내었다기보다 빙고가 들어서야 하는 지형에 따른 듯하다. 출입문은 보통 바깥 지반보다 낮은 위치에 설치됐는데 대부분 지반과 빙실의 중간 지점에 위치했다. 따라서 출입문에 이르기 위해서는 계단이나 경사로를 이용해야만 했으며 문턱과 빙실의 지반 차는 계단으로 처리한 것이 공통적이다. 출입문은 가급적 불필요하게 크게 내지 않도록 하였는데 얼음의 출납에 지장이 없을 정도의 크기였다. 인방석(引枋石)과 상부에 걸친 이맛돌에 문을 닫기 위한 문지도리 홈자국이 있는 것으로 보아 돌문(板石扉)이나 나무로 된 문을 달았으리라 생각된다.

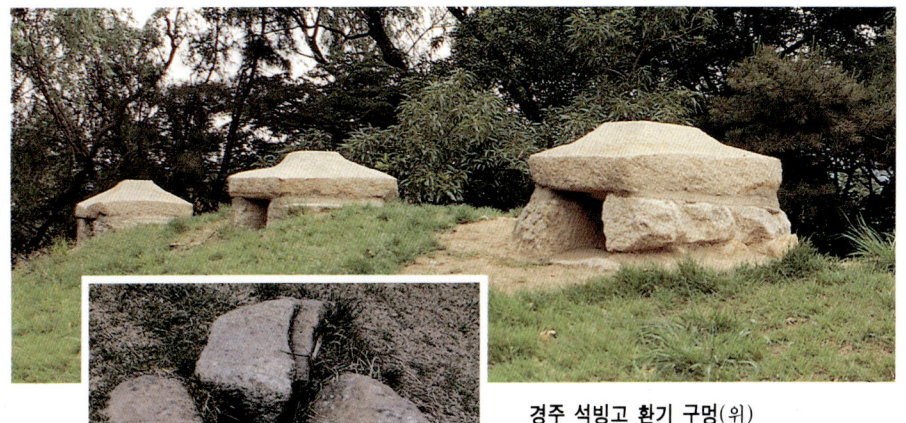

경주 석빙고 환기 구멍(위)

영산 석빙고 환기 구멍(왼쪽)

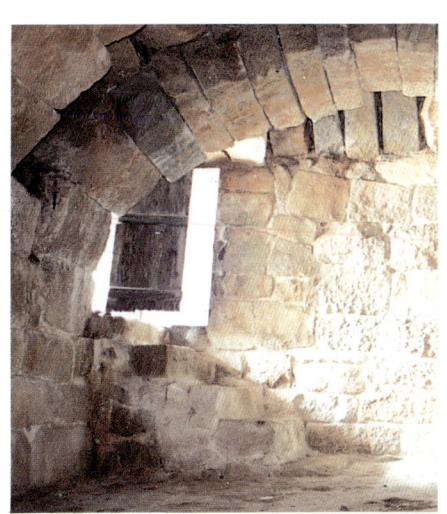

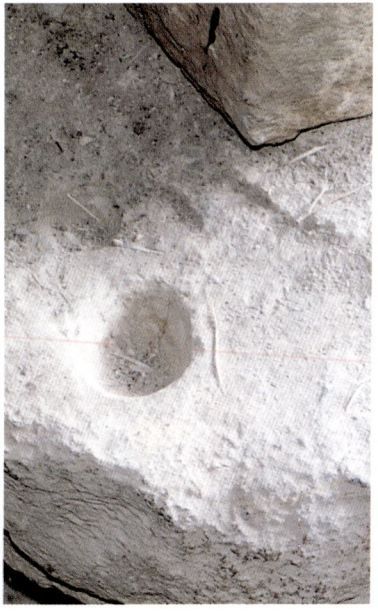

영산 석빙고 문지도리 홈 인방석과 상부에 걸친 이맛돌에 문을 닫기 위한 문지도리 홈 자국이
있는 것으로 보아 돌문이나 나무로 된 문을 달았으리라 생각된다.(위 오른쪽)
안동 석빙고 출입문과 계단(위 왼쪽)

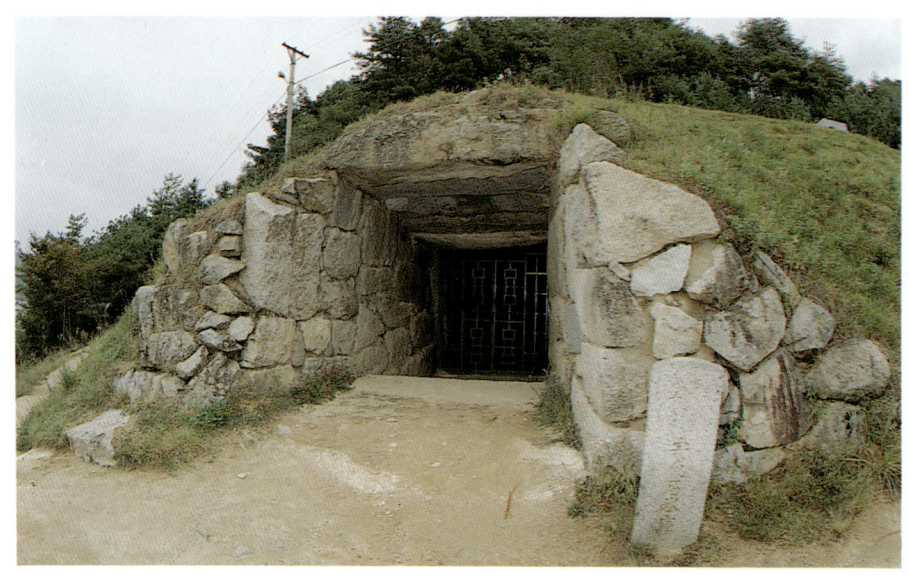

안동 석빙고 출입문 출입문은 얼음을 넣고 꺼내는 데에 지장이 없는 한도내에서 최소한의 크기로 만들었다. 특히 이 빙고는 옆면인 동쪽으로 출입문을 낸 특수한 형태를 보여 준다.

이 문만으로는 외기 차단에 효과적으로 대처하기 어려울 것으로 보아 외부에 덧문 형식으로 걸쳤으리라 생각된다. 그러나 유구가 남아 있지 않아 어떠한 구조와 형태인지 알 수가 없다.

봉토에는 잔디를 심어 복사열을 막고 한편으로 빗물에 의해 봉분이 씻기지 않도록 하였다. 따라서 이 석빙고는 목조 빙고와는 비교가 되지 않을 정도로 외기의 영향을 덜 받는 우수한 구조였다.

그 밖에도 빙고 관리인을 위한 관리사와 얼음 관리에 필요한 장비 보관 창고가 준비되었을 것으로 본다. 빙고 외곽으로는 담장을 둘렀다고 보는데 이는 외기를 막는 것은 물론 빙고의 효과적 관리에 도움을 주었을 것이다. 일반적으로 빙고에는 빙고 설치와 관련되는 석비가 남아 전하고 있어 빙고 연구에 좋은 자료를 제공해 주고 있다.

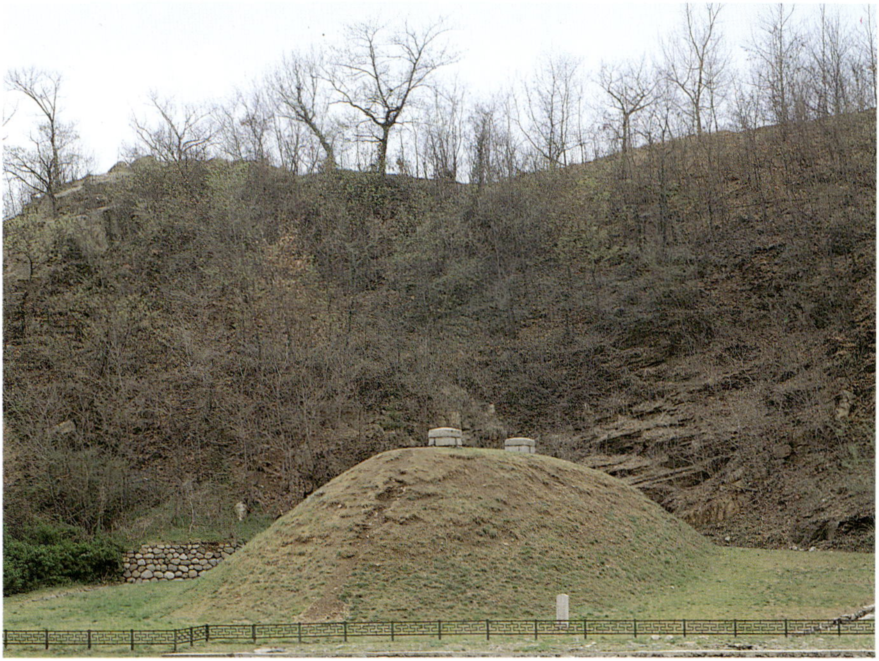

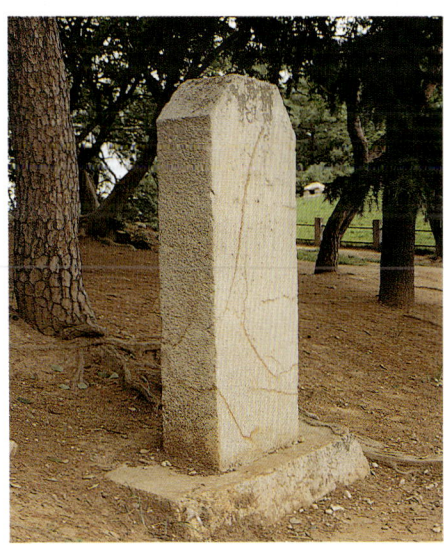

현풍 석빙고 봉토에는 잔디를 심어 복사열을 막고 빗물에 의해 봉분이 씻기지 않도록 하였는데 이는 외기의 영향을 덜 받는 우수한 구조였다.(위)

경주 석빙고 석비 빙고 주위에는 흔히 이같은 모양의 석비를 세워 축조에 관련된 사항들을 적어 놓고 있다.(왼쪽)

현존 석빙고

경주 석빙고

소재지 경주시 인왕동 449-1

규모 너비 5.87미터, 길이 19.8미터, 홍예 높이 약 4.73미터

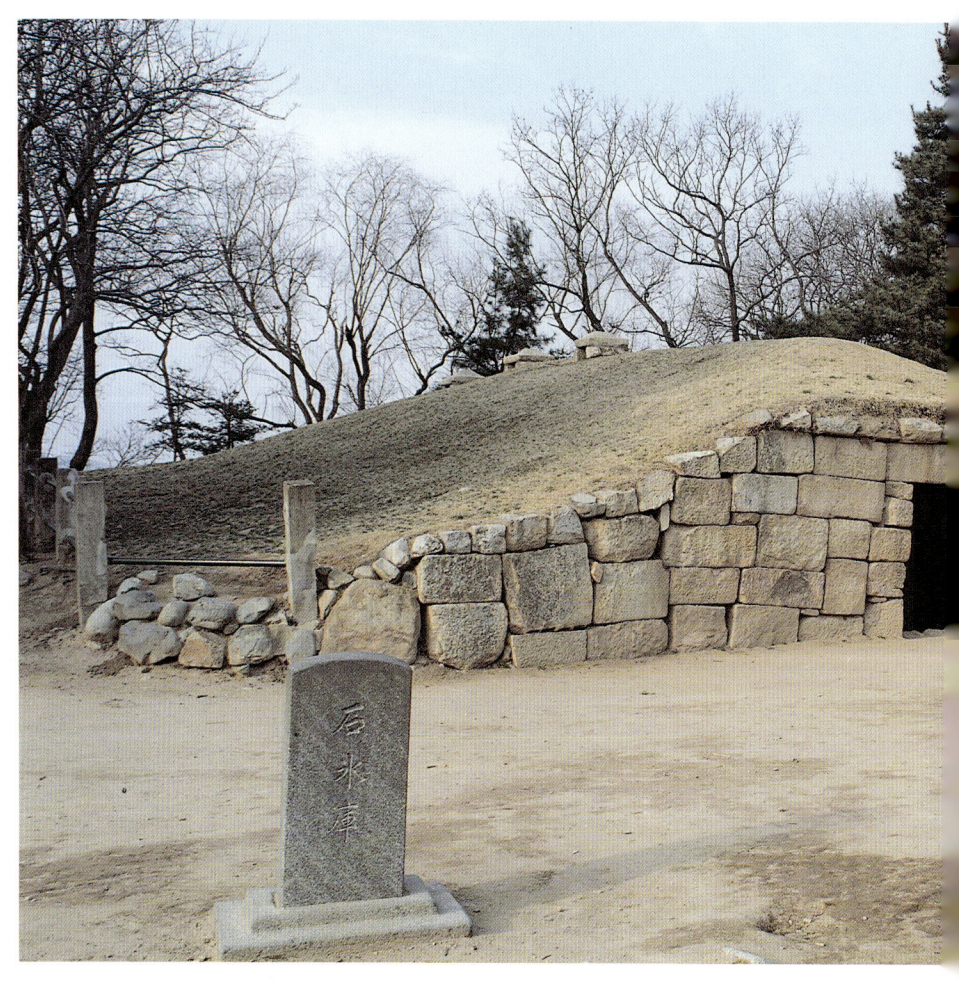

축조 연대 조선 영조 18년(1742)

경주 반월성 안 북쪽 성벽 위에 축조한 빙고이다. 장방형인 빙실의 규모는 35.3평으로 남한 지역에서 가장 큰 규모이다. 남쪽 입구(개구부 규모 : 폭 2.01미터, 높이 1.78미터)를 들어서면 바로 계단이 있으며 반대쪽(북쪽)으로 밑바닥을 경사지게 처리하고 바닥 중앙

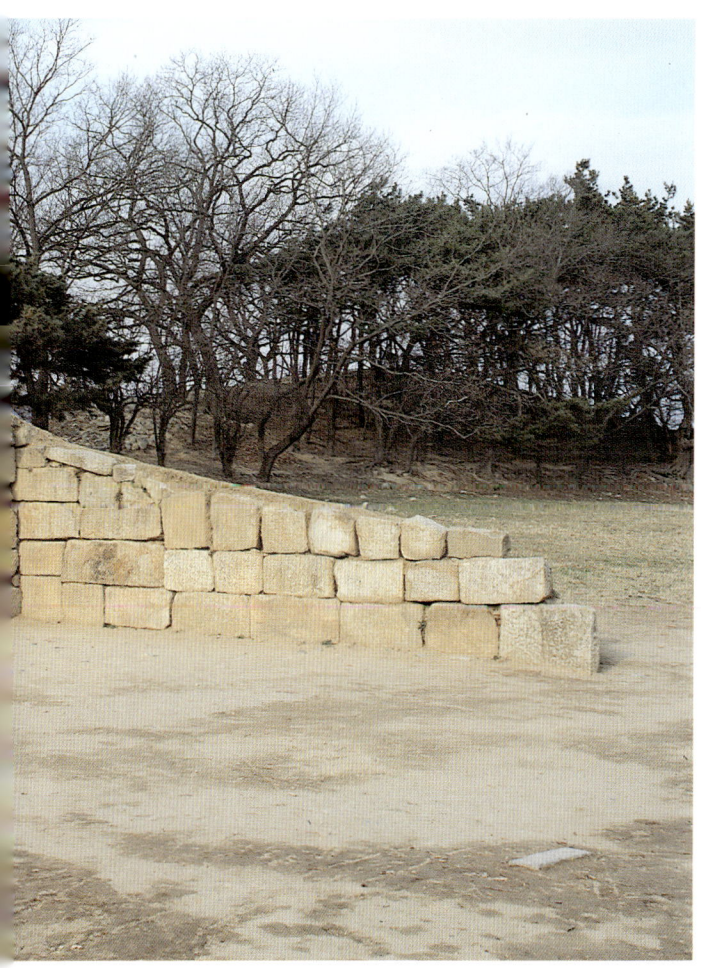

경주 석빙고 남한 지역에서 가장 큰 규모이다. 영조 14년(1738)에 완성된 것을 3년 뒤(1742)에 옮겨 개축한 것이다.

에 배수구를 두었다.

　내부는 다듬은 돌로 5개의 홍예보를 틀어 올리고 홍예와 홍예 사이에 장대석을 걸쳐 천장을 구성하였는데 천장에는 3개의 환기 구를 두었다.

　빙실의 각 벽면은 잘라낸 돌로 정연하게 축조하고 바닥은 길고 큰 규모의 장대형 석재를 사용하였다. 밖에서 보이는 석실의 봉토 분은 마치 긴 능선과 같은데 3개의 환기구가 있어 한눈에 빙고임 을 알 수 있다.

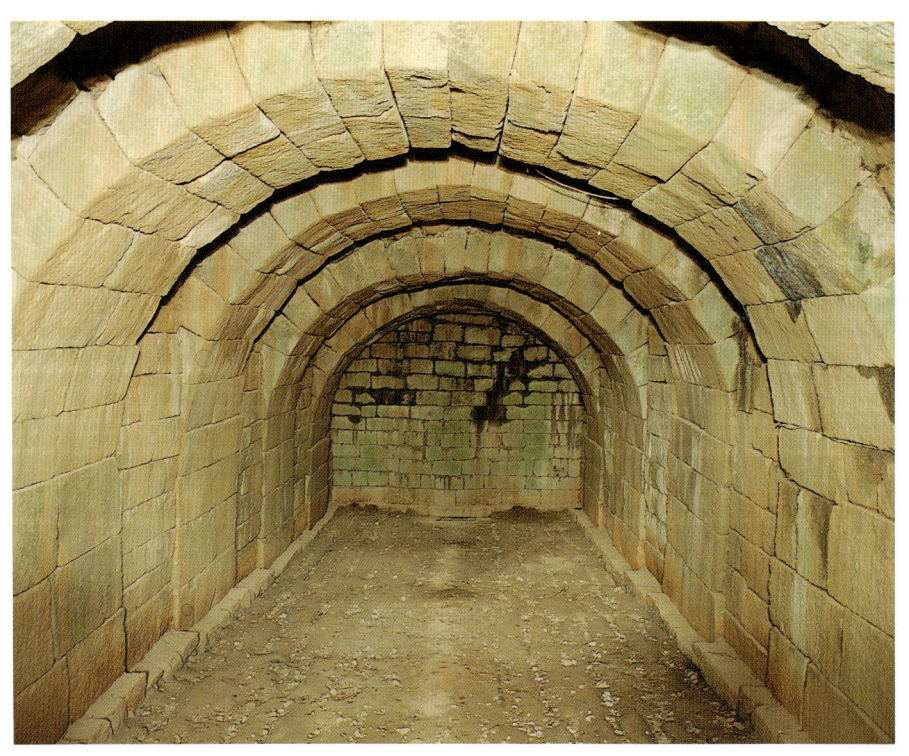

경주 석빙고의 빙실 구조 빙실의 각 벽면은 잘라낸 돌을 정밀하게 짜맞추고 바닥은 길고 평평한 장 대형 석재를 사용하였다.

석빙고 주위에는 석비가 있어 축조 연대와 관련 사항이 기록되어 있다. 지금의 빙고는 영조 14년(1738)에 완성된 것을 3년 뒤 (1742)에 옮겨 개축한 것으로 빙고 출입구 이맛돌에 "숭정기원후 재신유추팔월이기개축(崇禎紀元後再辛酉秋八月移基改築)"이라고 음각되어 있다. 이 석빙고 서쪽 약 50미터 지점에는 지금의 빙고만 한 규모의 웅덩이가 아직도 남아 있어 옮기기 전의 위치를 생생히 보여 주고 있다.

안동 석빙고

소재지 안동시 성곡동 산 225

규모 너비 5.9미터, 길이 12.5미터, 홍예 높이 약 4.9미터

축조 연대 조선 영조 13년(1737), 영조 16년(1740)

이 석빙고 축조에 대한 내용은 『예안읍지(禮安邑誌)』의 이매신 (李梅臣) 현감에 관한 내용 가운데 "건륭 2년 정사 5월 부임, 경신 2월 마치다… 돌로 빙고를 축조하여 매년 수리하는 노고를 덜었다 (乾隆二年丁巳五月赴任庚申二月卒政尙廉簡損捧築石冰庫以省每歲修葺之勞)"라고 기록되어 있다. 조선 영조 13년에 부임한 현감이 3년 재임 기간의 어느 해에 축조한 것으로 볼 수 있다.

이 석빙고는 원래 안동군 도산면 도부동 보광사 남쪽 강변에 위치해 있었다. 1976년 안동댐 조성으로 수몰이 예상되어 부득이 남서향 약 15킬로미터 떨어진 현위치로 이건하였다. 이건된 위치는 안동댐과 아래쪽 보조댐 사이의 중간 지점으로 남북으로 길게 축조되어 있어 외부에서 보면 마치 커다란 고분처럼 보인다.

다른 석빙고와 달리 그 입구가 장방형의 길이 방향이 아닌 옆면인 동쪽으로 나 있고 내부 출입을 위한 계단을 두었다.

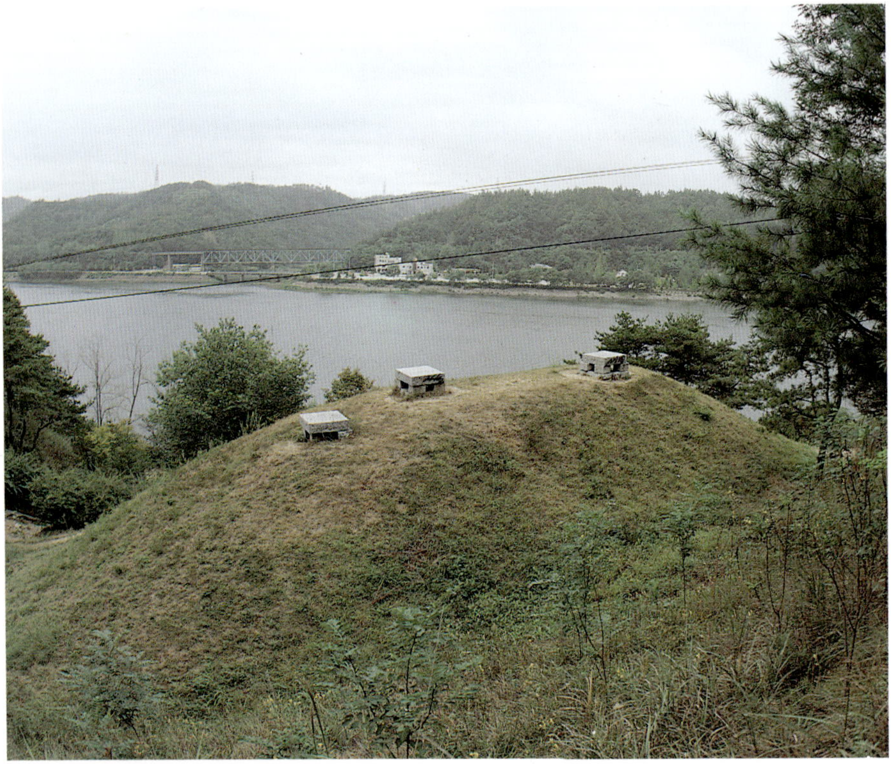

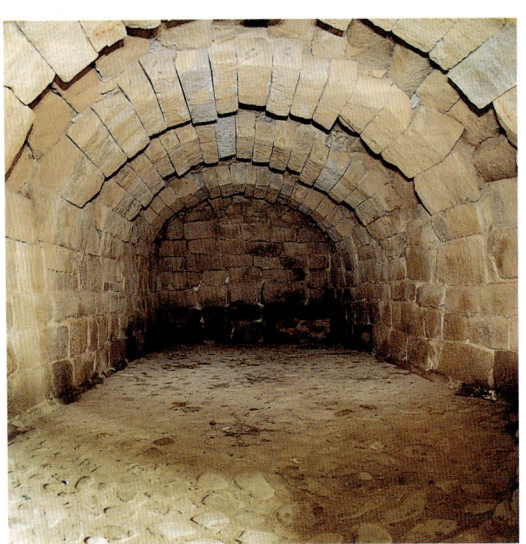

안동 석빙고　원래는 안동군 도산면에 있던 것을 안동댐 건설로 수몰이 예상되자 1976년 현재의 위치로 이전, 개축한 것이다. 세 개의 환기 구멍만 없으면 커다란 고분 같아 보인다.(위)

안동 석빙고의 빙실 구조　약 22.4평 규모로 앞뒤는 수직벽으로 처리하고 측면은 일정 간격을 띄워 홍예틀을 구성한 전형적인 빙실 구조의 한 예를 보여 주고 있다.(왼쪽)

빙실은 약 22.4평 규모로 내부 입구와 맞은편 벽은 수직에 가깝게 축조되어 있고, 홍예를 구성하는 벽면도 중간 높이까지는 이와 비슷하다. 곧 수직에 가깝게 2.6미터 정도 쌓아 올린 다음 반원형의 홍예를 틀어 올렸는데 4개의 홍예보는 가공된 장대석으로 쌓아 올렸고 폭이 1.2 내지 1.3미터이다.

홍예보 사이사이에는 장대석을 가로로 걸쳐 천장을 구성하고 이 장대석 걸침 사이를 이용하여 환기구를 3개소 설치하였는데 이를 통해 빙실 내부의 공기를 소통시켜 온도를 조절한 듯하다. 바닥은 깬 돌을 이용하여 강쪽으로 경사지게 하여 용해수가 발생되자마자 배수되게 하였다.

창녕 석빙고

소재지 경남 창녕군 창녕읍 송현동 288
규모 너비 4.65미터, 길이 13.05미터, 홍예 높이 약 4.75미터
축조 연대 조선 영조 18년(1742)

빙고 석비 비문에 "숭정기원후재임술이월초일일시 사월초십일필(崇禎紀元後再壬戌二月初一日始四月初十一畢)"이라 한 것으로 보아 조선 영조 18년에 축조하였음을 알 수 있다. 현감 신후서(申候曙) 등의 책임 아래 공사가 신행되었는데 기간은 70일이 소요되었다.

비교적 원형이 잘 보존된 이 빙고는 창녕군 교육청 앞 개울 건너편에 있는데 개울은 서남쪽으로 흐르고 빙고는 이와 직각이 되도록 남북 방향으로 축조되어 있다. 외부에서 보면 마치 큰 봉토 고분처럼(봉토 높이 6.1미터, 길이 19미터) 보인다.

남쪽의 입구에는 폭 1.6미터, 길이 3.3미터의 통로를 조성했다. 입구 주변은 장대형 무사석(武砂石)으로 조성하였다.

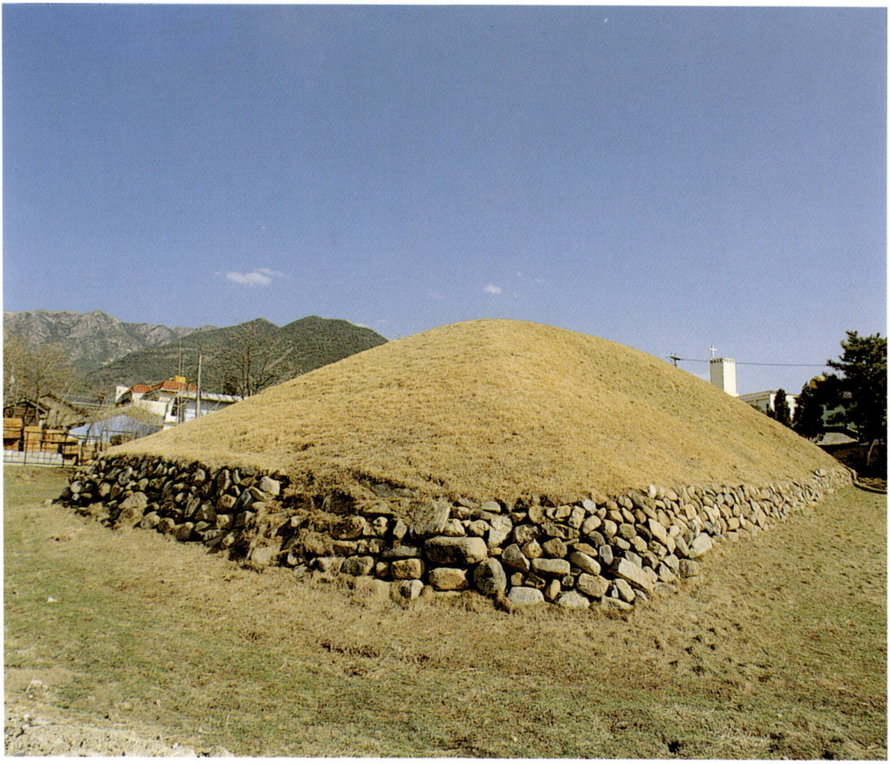

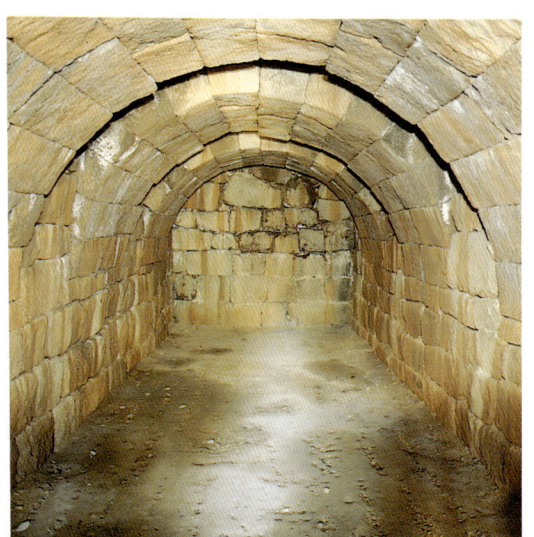

창녕 석빙고 외부에서 보면 마치 큰 봉토 고분처럼 보이는데 비교적 원형이 잘 보존되어 있다.(위)

창녕 석빙고의 빙실 구조 자연석에 가까운 장대석을 이용하여 수직에 가깝게 일정 높이를 쌓아 올린 다음 아치 모양으로 이어 붙였다.(왼쪽)

내부에 계단을 두어 빙실에 출입할 수 있도록 하였으며 빙실 바닥은 흙바닥으로 완만하게 북쪽으로 경사져 있고 북쪽 구석에는 배수공을 두었다.

빙실은 2미터 높이까지 자연석에 가까운 장대석으로 거의 수직으로 쌓아 올렸고 이를 기초로 홍예보를 틀어 터널 단면과 같이 궁륭(穹窿)형으로 꾸몄다. 홍예보(폭 1.55×2.15미터) 4개를 약 0.8에서 1.25미터 간격을 두고 설치하였는데 홍예보와 홍예보 사이에 자연석형의 장대석을 걸쳐 천장을 구성하였다.

홍예보 사이 두 군데에는 정방형의 환기공(0.4×0.6미터)을 두었는데 이 환기공은 봉토가 이루어진 1.5미터 가량의 두께를 관통하도록 하였고 그 위에는 빗물을 막기 위해 환기공보다 조금 큰 지붕 모양의 돌을 덮었다.

청도 석빙고

소재지 경북 청도군 화양읍 동천리

규모 너비 5.0미터, 길이 15.0미터, 홍예 높이 약 4.4미터

축조 연대 조선 숙종 39년(1713)

입구 왼쪽에는 석비가 잘 보존되어 있어 빙고 축조와 관련된 사항을 알 수 있다.

始於二月十一日至五月五日而訖

蓋役衆五千四百五十一皆一日赴役

曳石僧六百七役二十日石工十二

冶匠三木手一粮米五十三石瓦功錢

三百兩正鐵一千四百三十八斤灰三百八十四石

위의 비문 내용으로 공사 기간, 동원 인원, 소요 재료 등을 상세히 알 수 있는데 특히 축조 때 쇠[正鐵]와 회(灰)가 많이 사용되었음이 보인다. 여기서 쇠가 많이 사용된 것은 석재 사이에 은장으로 쓰인 것이 아닌가 생각된다.

표면에는 "계사 오월초 육일입(癸巳五月初六日立)"이라 되어 있고 그 아래에 관련 인물을 나열하였는데 진사(進士) 박상고(朴尙古)의 생존 연대를 추정하여 보면 축조 시기는 숙종 39년임을 알 수 있다.

이 빙고는 현재 화양에서 풍각(豊角)으로 가는 큰 길가에서 약 100미터 정도 안으로 들어가 있다.

천장을 구성하는 홍예보 4개만 앙상하게 남아 있어 내부를 훤히 들여다볼 수 있는데 장방형으로 동서로 길게 축조되어 있고 규모는 약 22.4평에 이른다.

출입구는 서쪽으로 나 있는데 외부 지반과 내부 바닥 차이를 처리하기 위하여 들어서는 곳에 계단을 설치하였다. 내벽은 사방을 자연석에 가까운 깬 돌을 이용하여 약 2미터 정도까지 수직에 가깝게 축조한 뒤 폭이 1.8미터 되는 홍예보 4개를 나란히 설치하였다. 여느 석빙고와 같이 그 위에 장대석을 걸쳤을 것으로 보이나 지금은 남아 있지 않다. 홍예보 사이에는 환기공이 있었던 것으로 보인다.

홍예보와 홍예보 사이의 벽 위는 좌우 벽에 천장돌을 팔(八)자형으로 걸치고 그 위는 일(一)자형으로 얹었다.

바닥은 완만히 경사지게 처리하였으며, 빙고에서 발생한 물은 바닥 중앙에 설치한 배수로를 통하여 외부의 작은 개울로 빠지게 되어 있다.

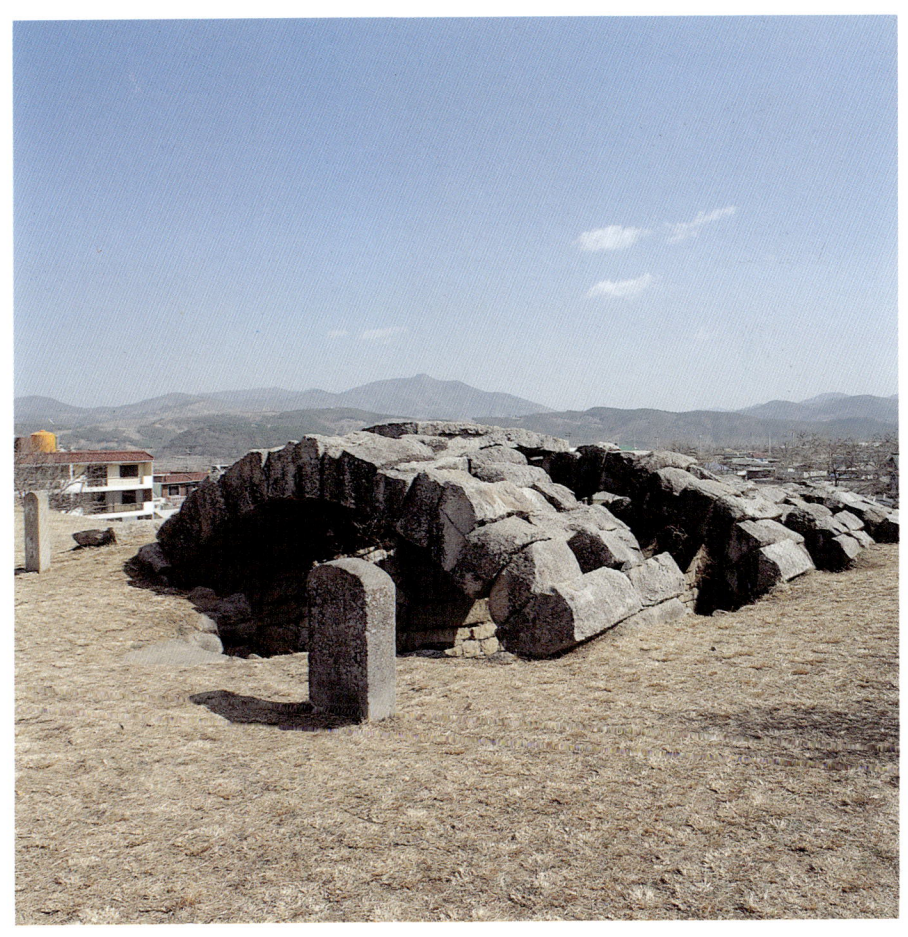

청도 석빙고 입구 쪽에 석비가 남아 있어 그 비문을 통해 공사 기간, 동원 인원, 소요 재료 등을 자세하게 알 수 있다. 이 빙고는 현재 천장을 구성하는 홍예보 4개만 남아 있어 밖에서 내부 구조를 들여다볼 수 있다.

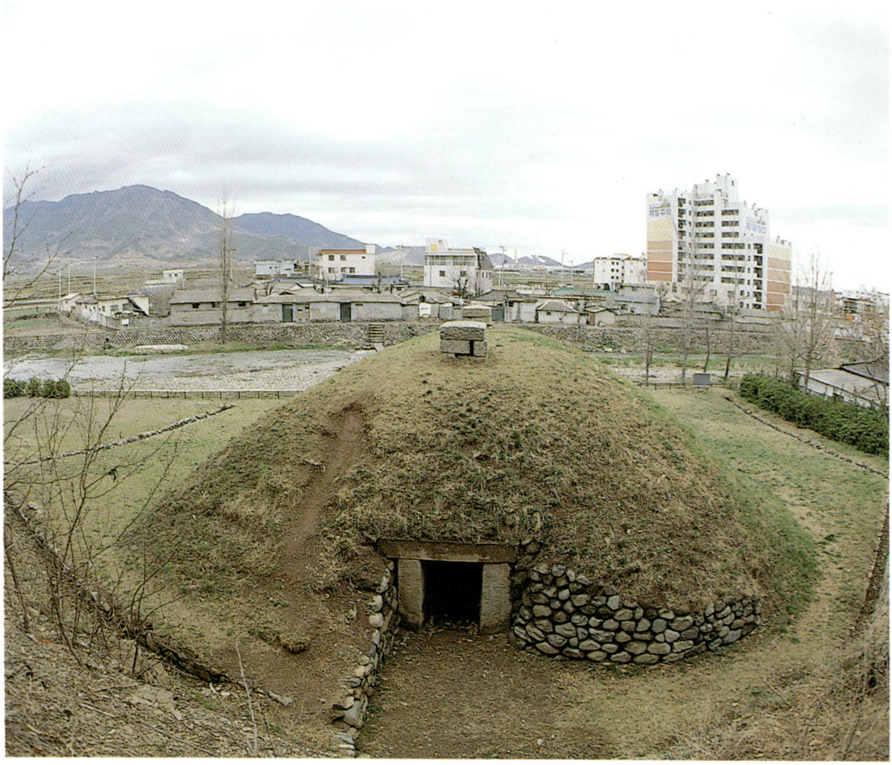

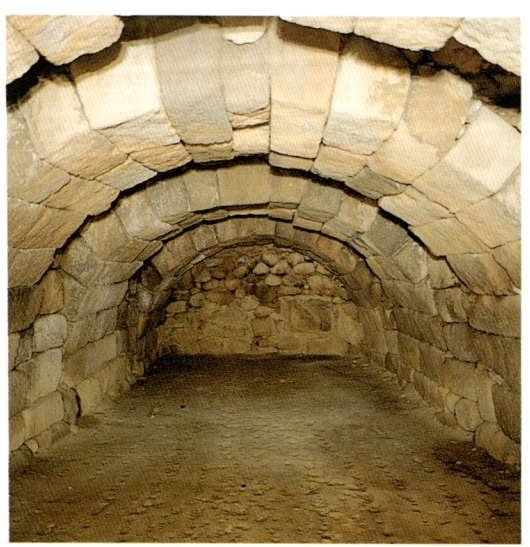

현풍 석빙고 조선시대의 전형적인 빙고로 남북으로 긴 장방형의 형태를 띠고 있다.(위)

현풍 석빙고의 빙실 구조 깬 돌을 바닥에 깔고 중앙에 배수구를 두었다.(왼쪽)

현풍 석빙고

소재지 경북 달성군 현풍면 상동 632

규모 너비 5.0미터, 빙실 길이 9.0미터, 홍예 높이 약 3.2미터

축조 연대 조선 영조 6년(1730)

1982년에 빙고 주변을 수리하면서 축조 연대를 알 수 있는 건성비(建城碑)를 발견하였다. 이 비의 표면에 "숭정기원후 이경술십일월(崇禎紀元後 二庚戌十一月)"이라는 글귀가 새겨져 있음을 볼 때 영조 6년에 축조되었음을 알 수 있다.

이 석빙고는 아직까지 원형이 비교적 잘 남아 있다. 조선시대의 전형적인 빙고의 하나로 규모는 14.58평이고 남북으로 긴 장방형의 형태를 띠고 있으며 출입구는 남쪽으로 나 있다.

빙고는 전부 화강석으로 쌓았는데 입구에는 잘 다듬은 장대석을 이용하여 네모난 문을 만들어 출입하였고 외부는 일정한 두께로 봉토하여 내부 온도 변화를 줄이고자 하였다. 봉토의 아랫부분에는 석재로 축조하여 흙이 흘러내리지 않도록 하였으며 2개소의 환기구를 설치하였다.

빙실 바닥은 출입구 반내쪽으로 약간 경사지게 조성하였으며 바닥은 깬 돌을 가지런히 깔고 중앙에 배수구를 두었다. 빙실 사면의 벽은 잘 다듬어진 돌로 수직에 가깝게 축조하였는데 일정 높이 이상은 벽면으로 처리하였고 벽면을 이용하여 홍예를 틀어 올리고 그 위에 개석으로 장대석을 걸쳤다.

영산 석빙고

소재지 경남 창녕군 영산면 교리 산 10-2

규모 너비 4.35미터, 길이 9.92미터, 홍예 높이 약 3.65미터

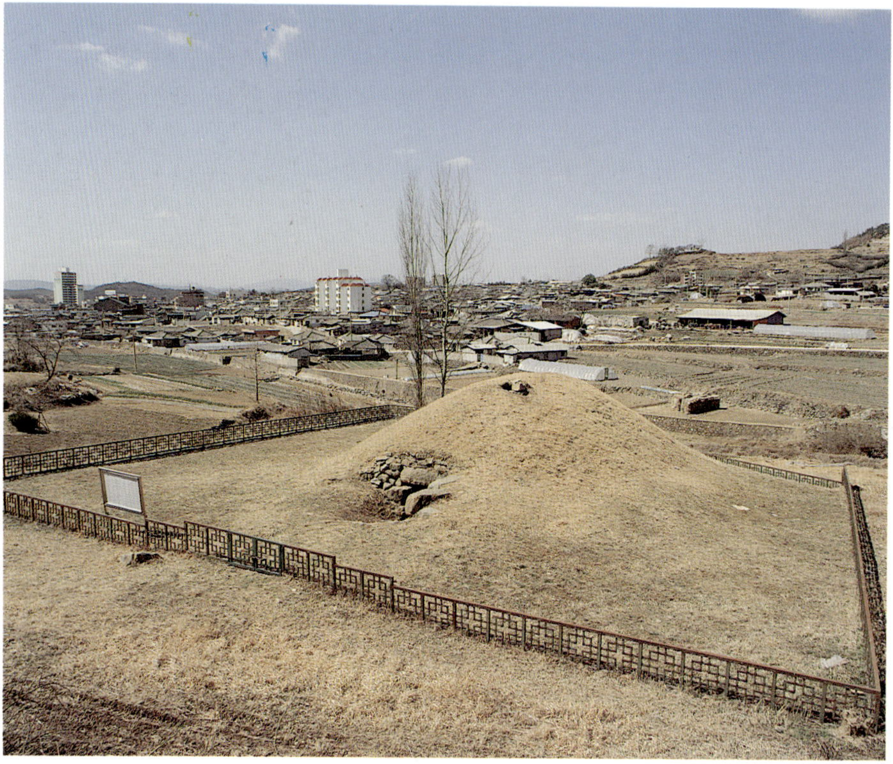

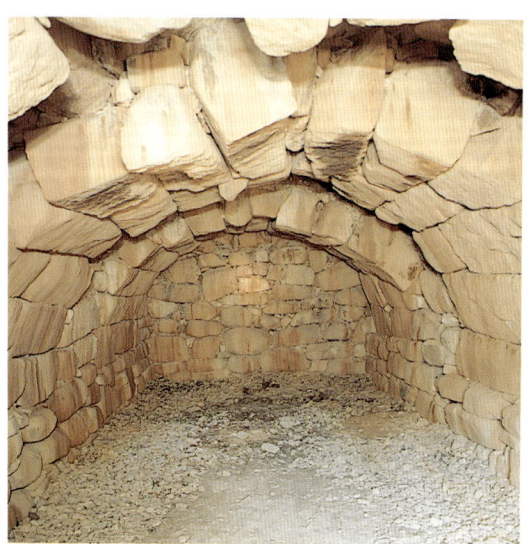

영산 석빙고 뒤쪽에 작은 개울이 있었는데 옛날에는 그 곳에서 얼음을 채취한 듯하다.(위)

영산 석빙고의 빙실 구조 바닥에는 자갈들이 깔려 있고 벽면은 큰 가공석을 이용하여 축조하였다.(왼쪽)

축조 연대 18세기 후반 추정

『여지도서(輿地圖書)』하권의「영산 창고조」에 "재조약산북현감 윤이일벌석창축(在氵药藥山北縣監尹彝逸伐石創築)"이라 하였다. 현감 윤이일(尹彝逸)은 영조 재위(1724~1776년) 때 부임한 인물이므로 이 빙고가 18세기에 만들어진 것임을 알 수 있다.

이 빙고는 앞쪽으로는 영취산을 마주하고 뒤쪽으로는 작은 개울이 있는데 지금은 상류에 제방을 쌓아서 물이 마른 개울이지만 옛날에는 이곳에서 얼음을 채취한 것이 아닌가 여겨진다.

외관상 동서가 약간 긴 타원형 고분 형태로 보이는 이 빙고는 현존하는 다른 빙고보다 크기가 작은 약 12평 규모이다.

입구는 동쪽으로 내었는데 문은 외부 지반보다 낮은 곳에 설치하여 통로를 따라 계단을 두어 내려간(약 1.5미터 아래) 곳에 문을 내었다. 그 문에서 빙실 바닥까지 1미터 정도의 차는 계단으로 처리하였다.

문은 장방형(가로 1.08×세로 1.54미터)으로 하방석을 놓고 그 위에 장대형 기둥을 세우고 이맛돌을 얹었다. 하방석과 이맛돌에는 문지도리 홈을 파서 출입문을 달았는데 옛날에는 판석문을 달았던 것으로 보인다.

빙실에 들어서면 바닥에는 자갈돌이 깔려 있고 출입구 반대쪽으로 경사지게 하여 배수되게 하였다. 벽면은 큰 절석을 이용하여 축조하였는데 약 1.5미터 높이까지는 수직에 가깝게 쌓아 올리고 이 벽면을 기반으로 하여 3개의 반원형 아치보로 구성하였다. 이 홍예보를 골조로 그 사이에 자연석 모양의 장대석을 걸치고 1.5미터 정도 두께로 봉토하여 외기의 영향을 덜 받도록 하였다. 홍예보 사이 천장에는 두 군데에 환기공을 두었다.

해주 석빙고

소재지 황해도 해주시 옥계동

규모 너비 4.5미터, 길이 28.3미터, 홍예 높이 약 6미터

축조 연대 고려시대 축조, 조선 영조 11년(1735)에 개수

평면은 남북으로 긴 장방형이며 사방은 가공한 화강석으로 벽면을 이루고 지붕 구성재인 홍예틀은 1.4미터 간격으로 12개의 구조틀을 쌓아 올렸다.

이 아치 구조틀 사이에는 규격이 큰 판석을 걸쳐 천장 바닥을

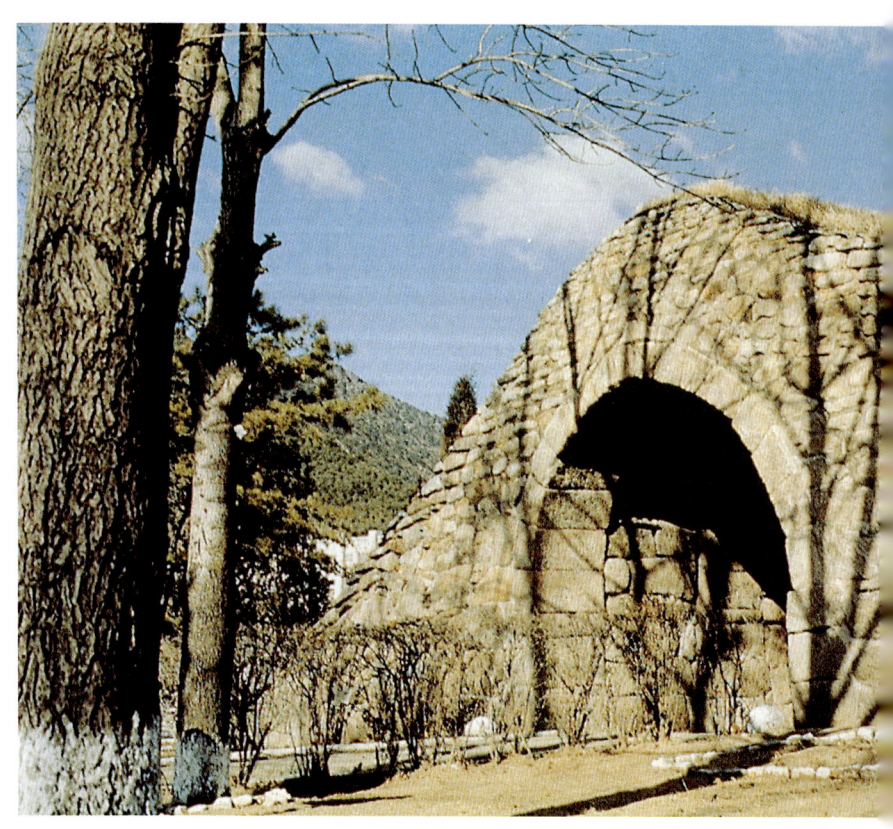

이루고 그 위에 흙과 강회 등을 섞어 다져 올렸다. 그 위로 잔디를 입혀 외기의 열도 차단하고 토사 유출도 막았다.

빙실의 규모가 약 38.6평으로 현존하는 석빙고 가운데 가장 크다. 북한 지역에 위치하여 확실히 알 수는 없으나 빙고의 입구 지역은 많이 훼손되었거나 변형된 듯 보인다.

사진으로 보아 입구는 남쪽으로 난 듯하다. 빙실 입구 쪽에서 빙고의 아치틀이 노출되어 보이는데 입구 쪽 벽과 벽에 위치한 출입문까지 전부 없어진 듯하다.

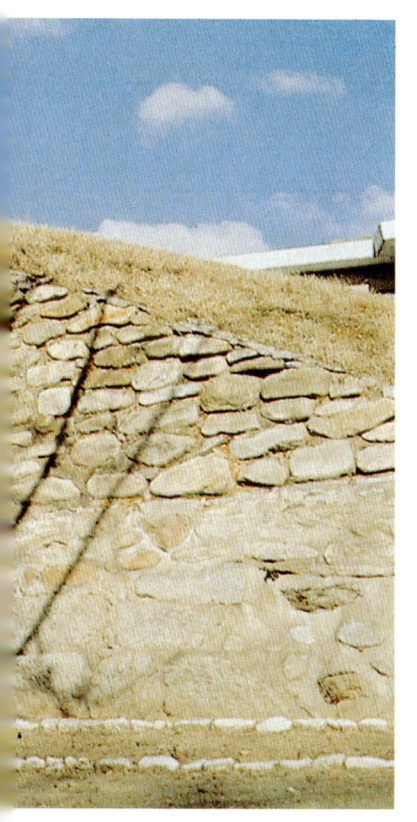

해주 석빙고 사진의 나무 그림자로 보아 출입구가 남쪽을 향한 석빙고로 보인다. 38.6평으로 현존하는 석빙고 가운데 가장 규모가 크다.

천문대와 관측 기구

역사

옛날 사람들은 하늘의 변화를 살피는 일을 국가의 흥망과 왕권의 안위에 직결되는 중대사로 여겼다. 자연히 위정자는 천체 관측에 각별한 관심을 갖게 되어 천문학을 제왕의 학문으로 여겼다.

천문대는 천문 관측 기구를 설치하여 관측 업무를 수행한 시설이다. 초기에는 점성대, 첨성대, 관천대 등으로 불리웠고 관측이 이루어지는 곳이라는 뜻에서 관측대라고도 하였다. 조선시대에는 이 천문대에 '관측 기구인 간의를 설치하여 관측한다' 하여 간의대라 부르기도 했다.

단군시대부터 강화 마니산 정상에 제천단을 마련하고 하늘에 대례를 올렸다. 이곳이 민족의 성지로 여겨지는 참성단(사적 제136호)으로, 조선시대에도 관상감의 관원들이 천체 관측을 위해 자주 이용한 곳이었다.

천체 관측 활동은 삼국 초기부터 이루어졌다. 고구려의 경우 무

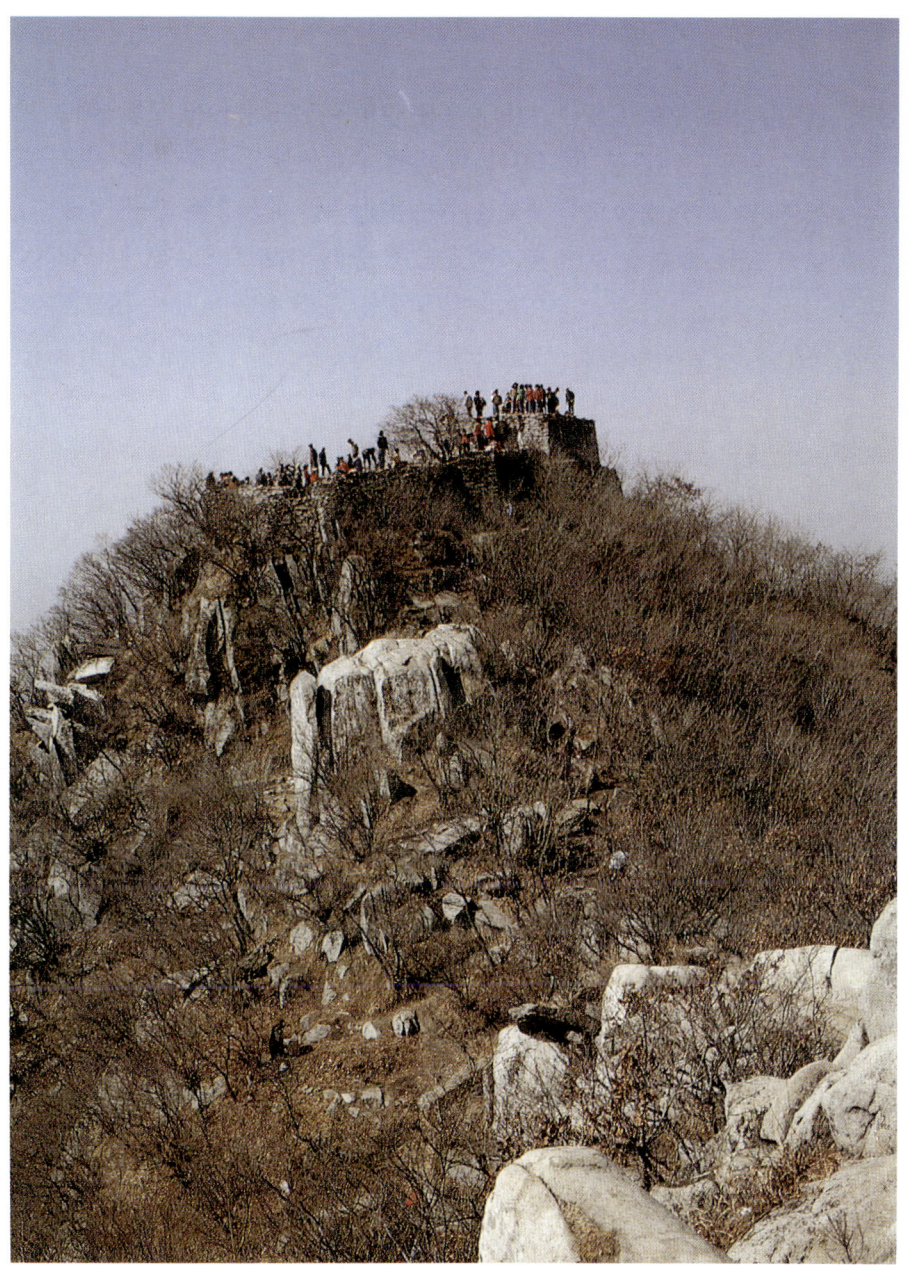

마니산 참성단(사적 제136호) 단군시대부터 제천단을 마련하고 하늘에 대례를 올린 곳으로 조선시대에는 관상감의 관원들이 천체 관측을 위해 자주 이용했다.

용총을 비롯한 몇몇 고분에는 별자리 그림의 일부가 남아 전하는 데 이는 천체 관측의 결과로 보인다. 그리고 『세종실록지리지』의 "평양성 안에 구묘(九廟)와 구지(九池)가 있는데 그 못가에 첨성대가 있다"는 기록으로 보아 조선시대 세종대까지도 고구려 첨성대가 있었음을 알 수 있다.

백제의 경우 현존하는 시설물은 없다. 『일본서기』 등의 기록에 의하면 성왕 23년(545)에 역박사(曆博士) 고덕(固德) 왕보손(王保孫)이, 무왕 3년(602)에는 승려 관륵이 역서(曆書)와 천문서(天文書)를 일본에 전하는 등 앞선 학문을 이루었음을 알 수 있다. 백제인 역박사와 천문박사는 일본에 건너가 첨성대 설립에 직접 관여한 것으로 보인다. 따라서 백제는 그보다 앞서 이미 첨성대와 같은 시설이 있었을 것이다.

신라 수도였던 경주에는 선덕여왕 때(632~647년)에 축조된 첨성대가 남아 전하고 있다. 이 첨성대는 동양 최고의 관측대로 일명 점성대라고도 하는데 당시 신라인들의 활발한 천문 관측 활동을 가늠케 하는 좋은 자료가 되고 있다.

고려시대에는 초기부터 태복감(太卜監)과 태사국(太史局)을 두었다. 이들 기관은 천문(天文), 역수(曆數), 측후(測候), 누각(漏刻) 등의 일을 관장하였다. 또한 개성의 만월대(滿月臺) 서쪽에 첨성대를 건립하였는데 그 형식이 매우 독특하다.

조선은 한양으로 천도하자 곧 경복궁 영추문(迎秋門) 안과 북부 광화방(廣化坊) 두 곳에 서운관을 설치하고 천문, 지리 등의 일을 관장하였다. 서운관은 뒤에 관상감으로 명칭이 바뀌었다.

조선시대에 천문대가 세워진 곳은 네 곳이었으나 현재는 두 곳이 남아 있다. 먼저 없어진 두 개의 천문대 가운데 한 곳은 세종 16년

(1434)에 경복궁 영추문 안 경회루 북쪽에 만들어진 대간의대(大簡儀臺)로 이 천문대는 높이 31척(약 6.6미터), 길이 47척(약 10미터), 너비 32척(약 6.8미터) 규모로 석조 대(臺)를 쌓고 상부에 돌난간을 둘린 간의대를 설치한 것이다. 이곳을 중심으로 주변에 혼의, 혼상, 규표와 방위 지정표인 정방안 등을 설치하여 매일 밤 서운관원 5명이 관측 활동을 하였다. 그러나 이 간의대는 임진왜란 때 파괴되어 없어졌다.

다른 하나는 숙종 28년(1702)에 경희궁 개양문 밖에 세워졌던 관천대인데 일제 때 그 자리에 학교를 세우면서 헐어 버렸다. 남아 있는 천문대는 창경궁의 소간의대(보물 제851호)와 현대건설 사옥 앞 북부 광화방의 관천대(사적 제296호)로 알려진 천문대이다.

천문대와 관측의기

천문대는 단순히 필요한 의기(儀器)를 설치하기보다는 천체 관측의 중심 시설로서의 역할과 그 자체가 규표 역할을 하였으리라 여겨진다. 첨성대, 관천대, 간의대 등 천문대의 설치는 천체 관측의 중심 시설임을 뜻하기 때문이다.

동양 최고의 천문대로 알려진 경주 첨성대는 이론(異論)이 있긴 하지만 천문대임에는 대부분 동의하고 있다. 하지만 상단에 설치되었던 관측 기구가 무엇이었는가에 대해서는 알기 어려운 실정이다. 경주 첨성대가 동양 최고의 것이라는 것을 밝힌 일본의 천문학자 와다 유우지(和田雄治)는 첨성대의 정자석(井字石) 위에 혼천의를 설치하여 관측하였으리라 주장한 바 있다.

고려시대에는 삼국시대에 비해 천문학이 크게 발전되었는데 이 당시 사용되었던 관측 기구들에 대해서는 정확히 알 수가 없다.

조선 세종 때는 우리가 자랑하고 있는 세계 최초의 측우기 발명을 비롯한 천체 관측에 필요한 여러 의기를 제작하는 등 천문학의 눈부신 발전이 있었다.

세종 때 만들어졌거나 개량해 운영하던 중요 관측 기구 가운데 대표적인 의기는 다음과 같다.

간의(簡儀)

천체 위치를 측정하는 관측 기구의 하나다. 간의는 중국에서 발달한 기구로 그 전까지 혼천의를 간소하게 개량한 의미로 그렇게 불렀다. 그 뒤 천체 관측에 혼천의를 대신하여 이용되었다.

우리나라에서는 세종 14년에 이천(李蕆), 장영실(蔣英實)에게 나무로 간의를 만들게 하였는데 이것이 성공하자 이를 구리로 주조한 바 있다. 세종 18년(1436) 경복궁 경회루 북쪽에 간의대를 세워 대간의를 설치하는 외에 휴대에 편리한 간의를 만들어 사용하기도 하였다.

혼천의(渾天儀)

천체의 운행과 그 위치를 측정하는 기구로 천문 시계의 구실을 하였던 의기이다. 일명 혼의, 혼의기(渾儀器), 선기옥형(璇璣玉衡)이라고도 한다.

고대 중국의 우주관이었던 혼천설(渾天說)에 기초를 두어 기원전 2세기경에 중국에서 처음 만들어졌다. 확실한 자료가 없으나 삼국시대와 고려시대에도 만들어 사용한 것으로 추정하고 있다. 우리나

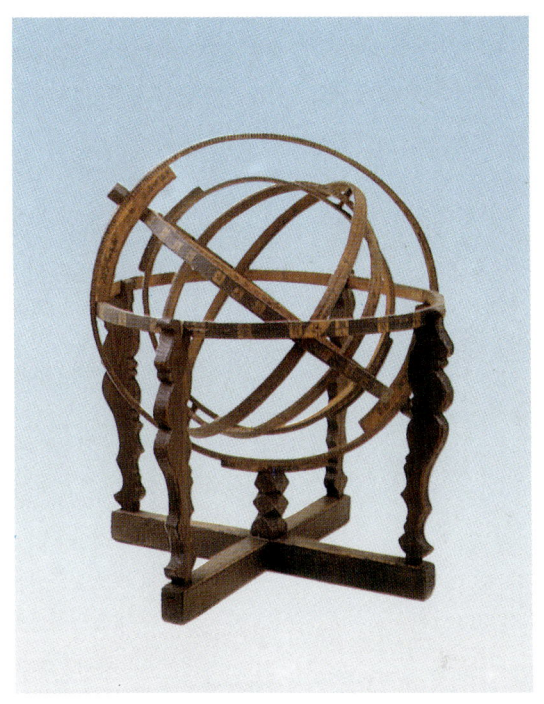

혼천의 천체의 운행과 위치를 측정하는 천문 시계로 기원전 2세기경 중국에서 발명됐다. 개인 소장.

라에서는 세종 14년 정인지, 정초 등이 왕명을 받아 고전을 조사하고 이천, 장영실 등이 처음으로 제작하였다. 이로부터 혼천의는 천문학의 기본 의기로서 조선시대 천문 역법의 표준 시계와 같은 구실을 하게 되었다.

또한 효종 8년(1657)에 최유지(崔攸之), 현종 10년(1669)에 이민철(李敏哲), 송이영(宋以穎)이 혼천의를 만들었다. 현재 송이영이 만든 혼천의(국보 제230호)는 고려대학교에 보존되어 전하고 있다.

혼상(渾象)

별들의 위치를 효과적으로 표시하기 위하여 천구면(天球面)에다 별들이 보이는 위치를 표시한 것이다. 혼상의 기록은 조선『세종실록』의 19년 기사 등 몇 군데에서 보이는데 고려시대는 물론 삼국시대에도 사용되었으리라 추정된다. 우리나라에는 실물이 하나도 남아 있지 않으나 중국에서는 천체의(天體儀)란 명칭으로 전하고 있다. 이 실물들을 통해 우리의 혼상을 연구하는 데 좋은 자료로 삼을 수 있을 것으로 보인다.

평면에 그린 천문도와 달리 혼상은 일주 운동에 따라 회전하면서 별들이 지평선에 뜨고 지는 것을 보여 주기 때문에 천문도로서 뿐만 아니라 계절의 변화를 알려 주는 역할도 한다. 그래서 가장 귀하게 사용하는 관측 기기 가운데 하나였다.

자격루(自擊漏)

자동 시보 장치가 붙은 물시계이다. 세종 16년에 왕명을 받아 장영실, 이천 등이 처음 물시계를 만들었다. 이 시계에는 일정 시각이 되면 자동적으로 종, 북, 징 등을 쳐서 시간을 알려 주는 장치가 있었다고 한다. 그 구조에 대한 설명은『증보문헌비고』『국조역상고』등에 기록되어 있다.

현재 덕수궁에 있는 자격루는 중종 31년(1536)에 만든 것이다.

앙부일구(仰釜日晷)

조선시대에 사용하던 해시계이다. 해시계는 여러 종류가 있는데 그림자가 비치는 면이 평면, 2직면, 오목한 면 등으로 된 것이 일반적인 형태이다. 앙부일구는 그림자가 비치는 면이 오목한 가마솥과

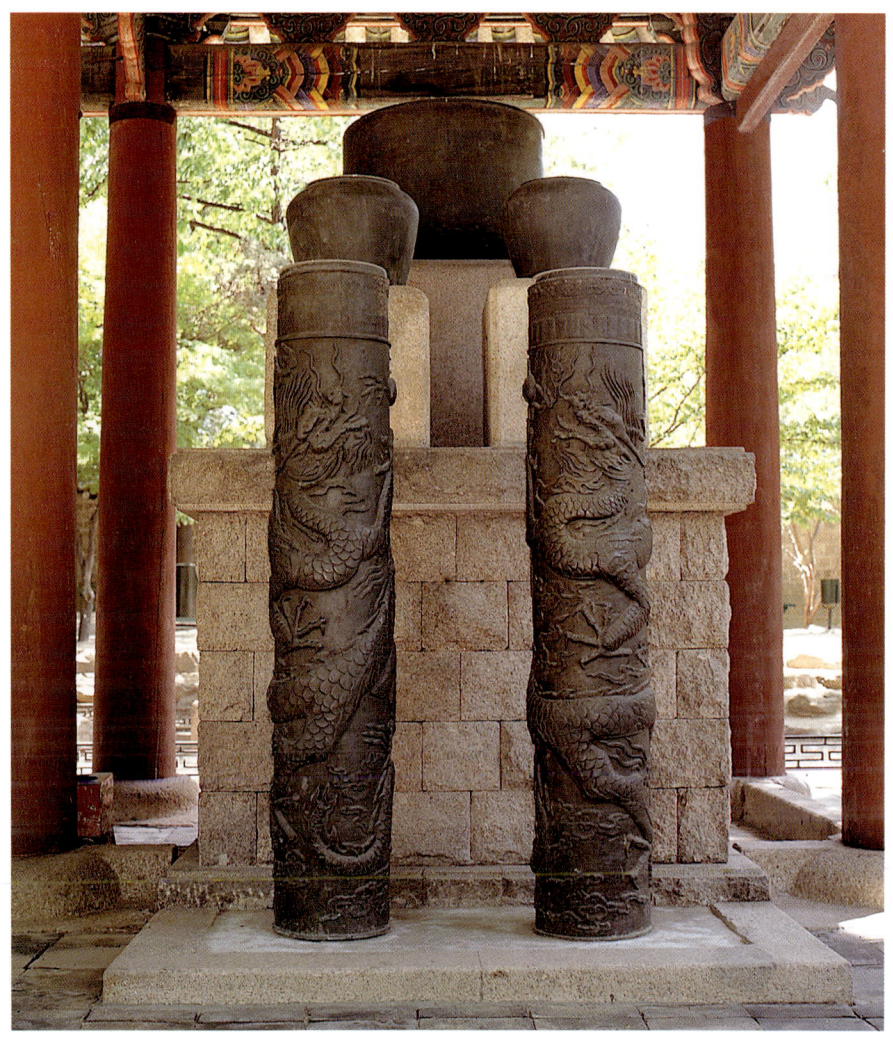

자격루(국보 제229호) 중종 31년(1536)에 제작된 물시계로 일정 시각이 되면 자동적으로 종, 북, 징 등을 쳐서 시간을 알려 주는 장치가 있었다. 덕수궁 소장.

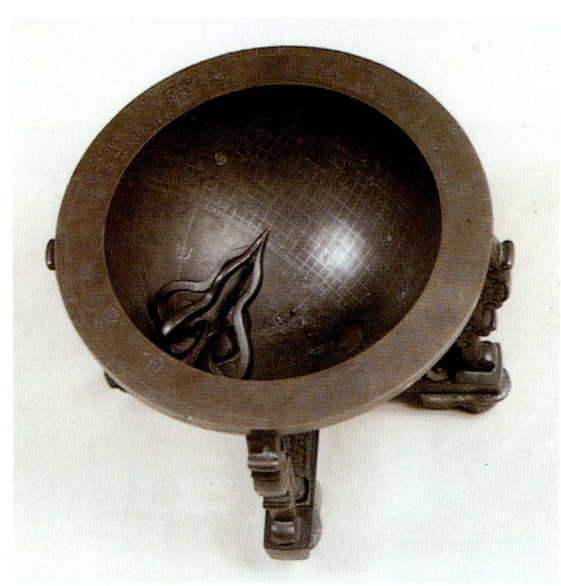

앙부일구　조선시대에 사용했던 해시계로 그림자가 비치는 면이 오목한 가마솥과 같은 반구형으로 되어 있어 이런 이름이 붙여졌다. 서울대학교 소장.

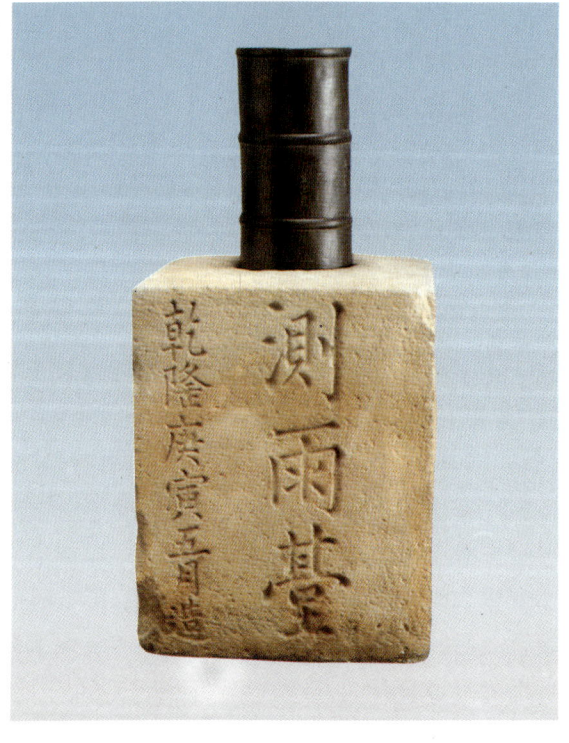

측우기(보물 제843호)　세종 때 세계 최초로 발명되어 조선조 말까지 관상감과 각 도의 감영에서 우량을 측정하는 기구로 사용했다. 기상청 소장.

같은 반구형으로 되어 있어 붙여진 이름이다.

세종 16년에 장영실에게 명하여 처음 만들어진 이 앙부일구는 중국에도 없던 독창적인 것으로 유명하지만 현존하는 것은 18세기 전후의 것들이며 이 가운데 대표적인 것은(보물 제845호) 창덕궁에 보관되어 있다.

측우기(測雨器)

조선 세종 23년(1441)에 호조가 측우기 설치를 건의하자 이듬해에 만들어 조선조 말까지 관상감과 각도의 감영(監營)에서 우량을 측정하던 기구이다. 이 기구가 만들어지기 전에는 비가 내리자마자 흙 속 깊이 몇 치까지 스며들었는지 일일이 조사해야 하는 불편이 있었다.

이 측우기는 세계에서 가장 먼저 쓰여진 것으로, 유럽에서 가장 먼저 만들었다는 이태리의 B. 가스탤리가 만든 측우기보다 200년이나 앞선 자랑스러운 발명품이었다. 최초로 만든 측우기는 주철재의 원통형(지름 16센티미터, 깊이 41센티미터)으로 돌로 만든 대 곧 측우대에 올려 놓아 비 온 뒤에 그 속에 괸 물을 사로 새었다.

현재 보물로 지정된 금영(錦營) 측우기(보물 제516호)와 이를 설치했던 조선시대 초기의 것으로 보이는 관상감 측우대(보물 제843호)를 기상청에서 보관하고 있다.

규표(圭表)

해의 그림자 길이를 측정하기 위해 수직으로 세워 놓은 막대〔表〕와 그 그림자의 길이를 정확히 재 시간을 알아보기 위하여 수평으로 눕혀 놓은 막대〔圭〕로 된 간단한 장치이다. 옛날에 사용되었던 여러 천문 기기 가운데 그 기능이 실용적이어서 가장 기본이 되는 관측 기구이다. 규표에 관한 기록은 세종 19년 「간의대기」에 기록되어 있는데 높이가 40척인 동규표를 만들어 이용하였다.

천문대의 위치

『삼국사기』에 의하면 신라는 시조 박혁거세 21년(기원전 37)에 "축경성 호왈금성(築京城 號曰金城)"이라 하여 서울인 경주에 성을 쌓아 금성이라 하였다. 금성의 위치는 정확히 알 수 없으나 첨성대가 반월성(半月城) 가까운 곳에 위치한 것으로 보아 궁성 인접 지역에 천문대를 세우기 마련이므로 금성의 위치를 가늠해 볼 수도 있겠다.

고려시대의 궁성인 만월대의 첨성대, 조선시대 경복궁 경회루 북쪽의 대간의대, 창경궁의 관천대, 창덕궁 금호문 밖의 관천대 등이 이를 잘 증명해 주고 있다. 이들 장소는 궁성 안에서도 왕의 거처에 가까운 곳이다. 물론 이런 장소는 천문대를 중심으로 각종 의기를 설치할 수 있는 넓은 공간이 있어 별의 관측뿐 아니라 기상 관련 자료를 획득하는 중심 역할을 할 수 있는 곳이다.

천문대의 구조

천문대는 기단, 본체(몸체), 상단 부분으로 구분되며 관측 공간에 이르는 계단 시설이 있다. 계단을 통해 상단에 오르면 관측 의

기를 중심으로 약간의 활동 공간이 있고 그 가장자리에는 허리춤 높이로 난간을 둘렀다. 이 난간은 안전을 도모하고 관측 의기를 돌려가면서 활동하여도 관측에 지장을 주지 않는 높이이다.

기단부는 단단히 다진 기초 지반에 지대석을 설치하는데 일반적으로 지대석은 상부의 하중을 받아 지반으로 전하기 때문에 다른 부재보다 조금 큰 돌을 사용하였다. 본체부는 천문대의 상징 구조물로서의 중심 역할을 하며 전체적인 조형미를 나타내고 있다. 본체의 대는 가급적 수직에 가깝게 쌓아 올렸는데 바깥면은 정교하게 가공하였다. 일부 학자가 주장하는 천문대 자체가 규표 역할을 한다는 의견은 구조물이 정형적이고 정교함을 보여 주고 있기 때문이다.

천문대의 설치 목적은 시설 상단에 관측 활동 공간을 만듦에 있다. 이 관측 활동 공간이 바로 상단부이다. 또한 천문대를 중심으로 주변에 기상 관측 기구들을 설치하여 운영하였는데 천문대는 단순한 대(臺)의 성격을 뛰어넘는 하나의 상징물이었다.

현존 천문대

경주 첨성대(국보 제31호)
위치 경상북도 경주시 인왕동 839의 1
규모 기단 5.35미터 정도, 높이 9.11미터, 몸체 지름 하단 5.18미터, 상단 3.06미터
형식 아담한 술병형
축조 연대 선덕여왕대
첨성대에 관한 기록은 『삼국유사』 등 여러 곳에 보이며 내용들

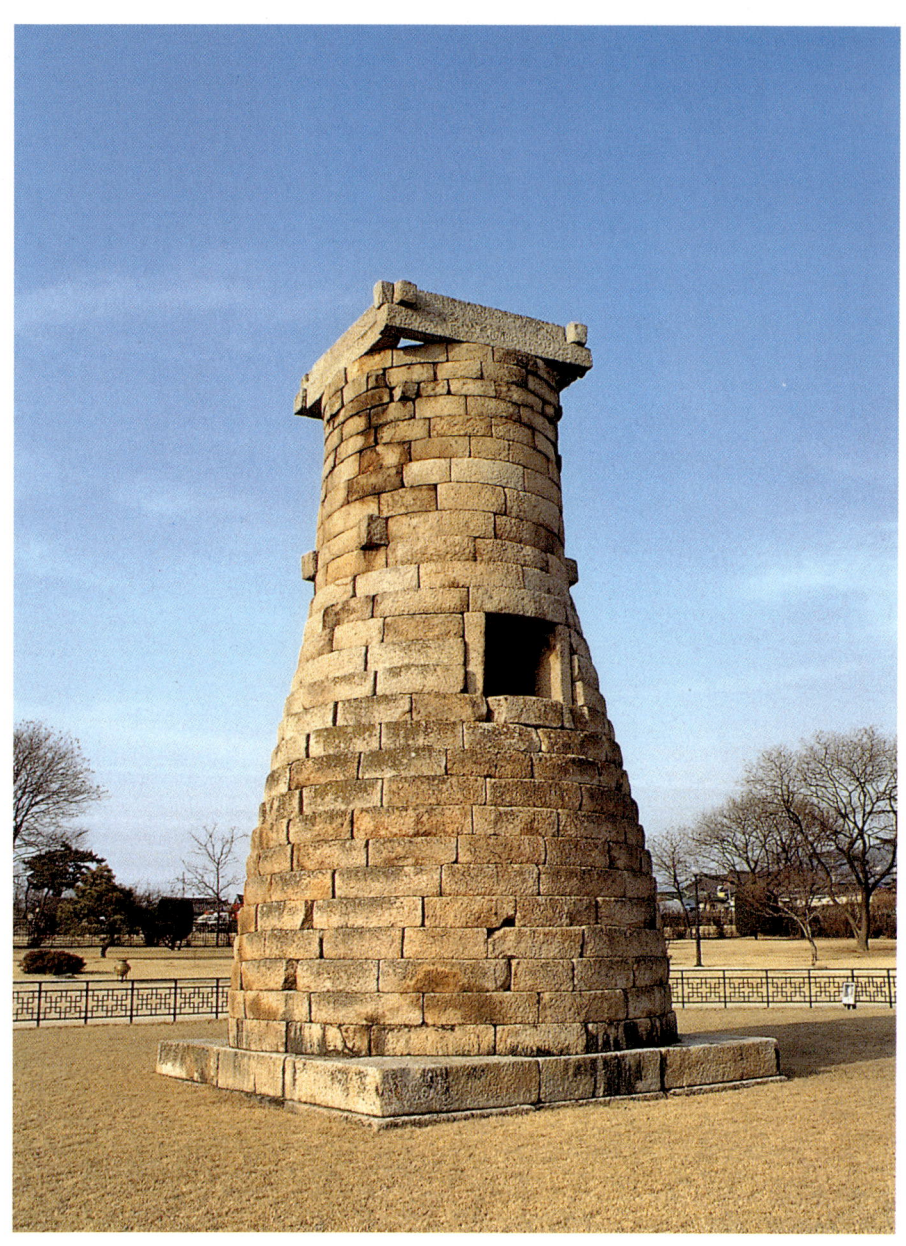

경주 첨성대(국보 제31호) 아담한 술병 모양으로 뛰어난 조형미와 견실한 축조 기술을 보여 주고 있다. 이 첨성대는 동양 최고의 관측대로 일명 점성대라고도 하는데 당시 신라인들의 활발한 천문 관측 활동을 가늠케 한다.

은 대부분 비슷한데 『세종실록지리지』에는 첨성대의 규모와 형식, 기능에 대해 비교적 상세하게 기록하고 있다.

　기록에 따라 태종(太宗) 정관(貞觀) 7년(633년)과 선덕여왕 16년 (647 : 『증보문헌비고』) 등 약간 차이를 보이고 있으나 모두 선덕여왕대에 축조하였다는 데는 이론이 없다. 첨성대의 뛰어난 조형미와 견실한 축조 기술은 1,300여 년이 지난 오늘날까지 온전히 남아 전하는 자체가 이를 대변하고 있다. 이 천문대를 축조한 목적에 대해서는 규표, 불교의 영향을 받은 제단, 도시 계획의 중심점이라는 다양한 이론이 있다. 그러나 지금까지의 연구 결과로 보아 천체 관측의 시설이었음이 인정되고 있다.

　첨성대의 구조는 세 부분으로 구분하여 살펴볼 수 있다.

　기단의 하부 구조는 그 동안의 발굴 조사가 없어서 알 수 없으나 외형으로 나타난 것을 살피면 정방형의 두 단으로 되어 있다.

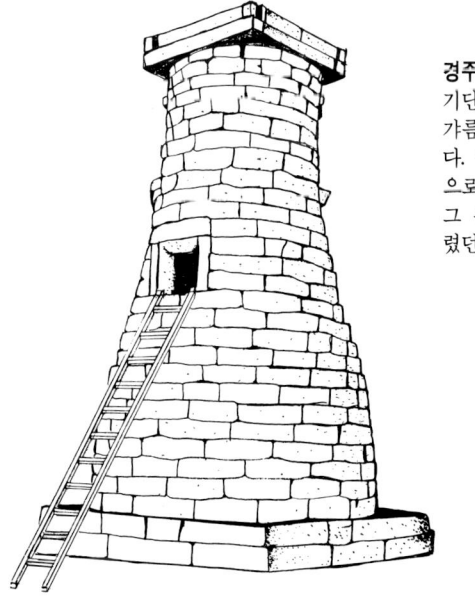

경주 첨성대 수정도　정방형으로 기단을 쌓은 다음 27단의 돌단을 갸름한 술병 모양으로 쌓아 올렸다. 남쪽 창틀 양쪽에 홈이 난 것으로 보아 여기까지는 사다리로, 그 위부터는 내부를 통해 오르내렸던 것으로 추정하고 있다.

기단의 상·하단의 한 변이 각각 5.18미터, 5.36미터이고 높이는 다 같이 0.395미터 규격의 장대석 20개로 구성되어 있다. 기단의 남북 방향은 약 19도 동쪽으로 돌아가 있다.

몸통 부분은 술병형의 독특한 형태를 취하고 있다. 몸체를 구성하고 있는 27단의 돌단은 가장 넓은 아랫단 둘레가 16미터, 제일 좁은 상단은 9.2미터이다. 남측면 중앙에는 약 0.95미터 되는 정방형의 창문이 나 있는데 몸체 돌단의 13단에서 15단 사이로 정남에서 16도 가량 동쪽으로 돌아간 방향이다.

첨성대는 남쪽 창 아랫부분까지 진흙과 잡석으로 다진 상태로 채워져 있는데 창건 당시부터 이와 같이 채워져 있었던 것으로 보인다. 남쪽 창틀에는 사다리를 걸칠 수 있는 홈 자국이 보인다. 외부에서 창호에 사다리를 걸쳐 오른 뒤 내부에서 빈 공간에 사다리를 걸쳐 오르든가 내부의 석재를 이용하여 오르는 방안이 강구되었으리라 생각된다.

몸체 부분의 19단과 20단 사이, 25단과 26단 사이에는 사방으로 각각 2개씩의 장대석을 걸쳤다. 장대석은 바깥면으로 돌출되게 설치되어 있는데 장대석 끝부분 가장자리에는 못머리와 같이 턱이 있어 다른 돌이 바깥으로 밀려 나오는 것을 막아 주고 있다. 이런 구조물은 뒷채움이 없는 빈 공간에서 통부재를 가로 걸침으로써 구조적으로 불안정함을 보완하는 중요한 구실을 하고 있다.

상단부 바닥에는 27단 맨 윗단 내벽에 동쪽의 반쪽만 평판석(1.8×0.57미터)이 남아 있다. 창건 당시의 형식은 알 수 없으나 나머지 반은 석재나 목재로 하여 출입이나 관측 활동에 지장이 없는 바닥면을 이루었던 것으로 보인다.

상단의 난간 역할을 한 정자석 구조는 장대석 상하단의 2단 구

첨성대의 내부 구조

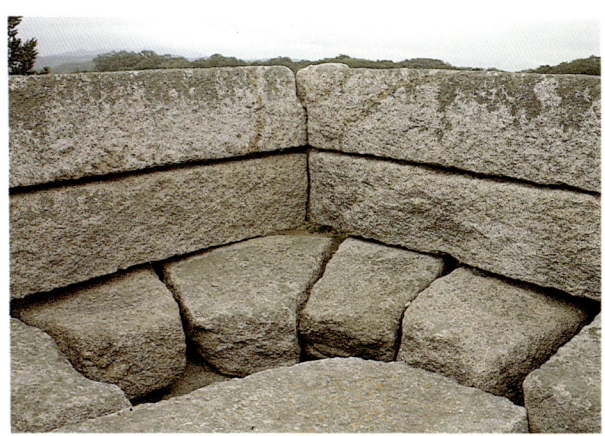

난간 내부 구조 상단의 난간 역할을 한 정자석 구조는 장대석 상하단의 2단 구조이다. 장대 난간 높이는 64센티미터로 활동하기에 안전한 높이로 보인다.

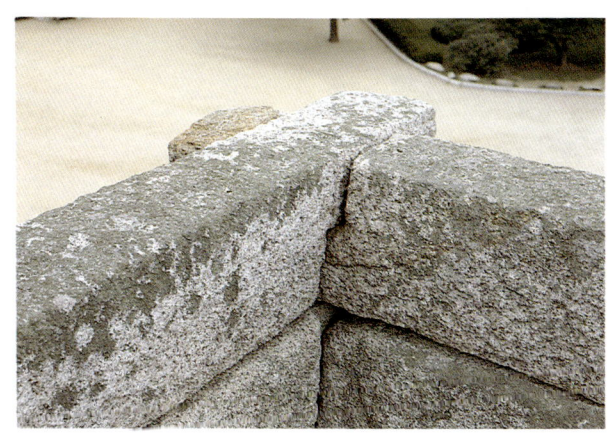

난간 각 단이 같은 규격의 장대석 4개를 마치 녹조 난간처럼 화강석을 이용하여 정자형으로 정교하게 짜놓았다.

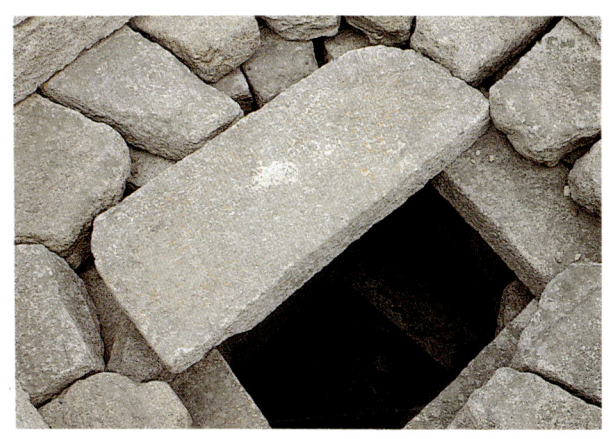

상단 내부 정상부의 정자석 내부는 천문 관측의 활동 공간으로 바닥에 판재를 깔면 2, 3인이 활동 가능한 면적이 된다.

조이다. 각 단이 같은 규격의 장대석(3.06×0.32×0.32미터) 4개를 정자형으로 짜놓았다. 현재 놓여진 정자석의 방향은 기단의 남쪽 방향에서 8도 정도 서쪽으로 돌아가 있는데 혹시 수리할 때에 돌아간 것이 아닌가 생각된다.

정상부의 정자석 내부는 천문 관측의 활동 공간이다. 내부 면적은 4.48평방미터(약 1.5평)로 2, 3인이 활동 가능한 면적이다.

바깥 난간은 64센티미터인데 이 높이는 허리 정도까지 오는 것으로 충분히 안정성이 있다고 보이며 여러 기기를 이용한 관측 활동에 지장을 주지 않는 높이로 보인다.

고려 첨성대
위치 경기도 개성시 송도면 만월대
규모 가로·세로 각 3미터, 높이 3미터
형식 석재 가구(架構) 형식의 대
축조 연대 고려시대

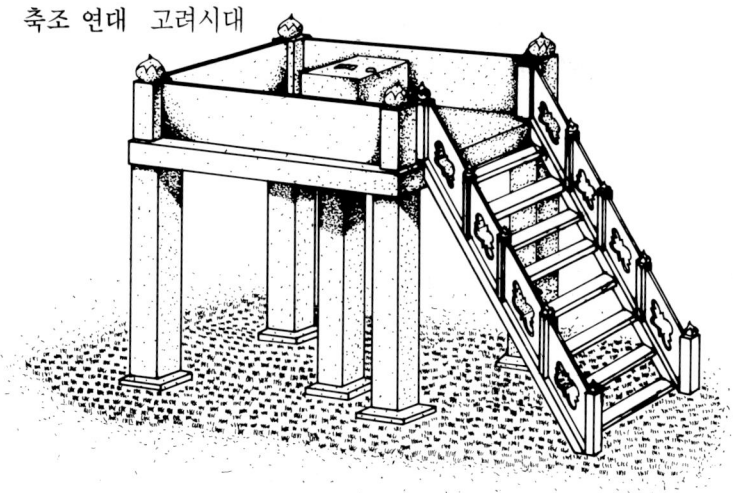

고려 첨성대 추정도 가구식(架構式)의 독특한 형식을 지닌 첨성대로 관측이 이루어지는 상단부는 전통적인 첨성대의 형식을 답습한 것으로 보인다.

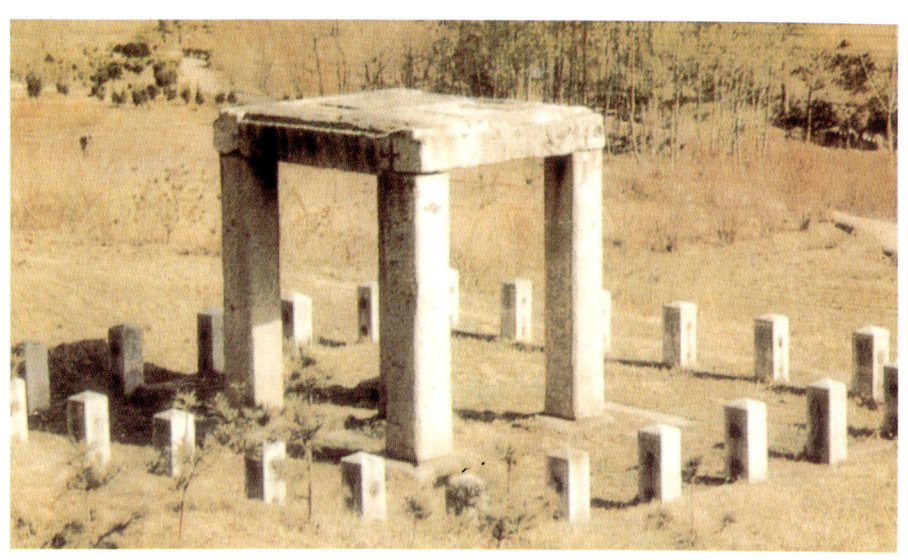

고려 첨성대 고려 첨성대는 가구식으로 돌기둥을 세워 대를 조성한 것이다(『북한문화재도록』 사진).

고려시대에는 천문 관측과 역의 계산법이 발달하였다. 그 결과 『고려사』에 천문 관측의 결과를 상세히 기록하고 있는데 일부는 점성적인 요소도 적지 않았다.

고려 첨성대는 다른 곳의 천문대와는 그 형식과 구조가 매우 다르다. 다른 관측 시설은 기단을 두고 일정한 규격의 서재로 일정한 높이까지 쌓아 올린 다음 계단을 통해 오르내리도록 되어 있는데 고려 첨성대는 가구식으로 돌기둥을 세워 대를 조성한 것이다.

이 천문대는 높이가 약 3미터 정도 되는 사각 돌기둥을 3미터 간격으로 네 귀퉁이에 세우고 가운데에도 세워 5개의 돌기둥으로 지지되고 있다. 5개의 돌기둥 위를 장대석으로 걸쳐 가구를 형성하고 장대석을 귀틀석으로 삼고 판석을 걸쳐 바닥을 이루었다. 현재는 계단과 난간이 남아 있지 않으나 당시에는 설치되어 있었던 것으로 보인다.

천문대의 바닥 판석 네 귀퉁이에는 돌난간을 세웠던 흔적으로 보이는 직경 15센티미터 가량의 홈 구멍이 남아 있다.

이 첨성대가 언제 설치되었는지는 확실하지 않다. 또 당시 사용한 관측 기구가 무엇인지도 알 수 없으나 이곳에 관측 기구를 설치하고 주변에는 다른 종류의 기구들을 설치하여 관측 활동을 하였으리라 짐작된다.

관상감 관천대(觀象監 觀天臺, 사적 제296호)
위치 서울시 종로구 원서동 현대건설 사옥 앞

규모 가로 2.5미터, 세로 2.8미터, 높이 4.3미터

형식 육면체에 가까운 석대

축조 연대 조선 세종대(추정)

당시 북부 광화방 서운관에 축조된 소간의대가 현재 현대건설 사옥 앞에 위치한 관천대라고 불리우는 것이다(『서운관지』). 이 관천대는 1983년 해체 복원되었는데 이때 주변 지반의 변화가 있었지만 원래의 지반을 유지하여 수리하게 됨에 따라 주변 환경과 차이가 나 보인다.

관측용 대석은 자북 방향으로 설치되어 있으나 관천대는 이와는 달리 자북에서 동쪽으로 13도 정도 기울어져 있다.

기단 부분은 구조물을 온전하게 지탱하기 위하여 잡석을 2개 층으로 2자 이상 두껍게 깔고 그 사이에 강회다짐층을 두었다. 바깥면은 지대석 겸 기단석을 설치하였다. 바깥에는 장방형 규격의 장대석을 이용하여 바깥을 둘리고 내부에는 규격이 조금 작은 잡석을 채워 기단을 조성하였다.

몸체 부분은 높이가 3.83미터인데 기단의 폭(약 3미터)보다 조금 크게 하여 잘 가공된 장대석 석재로 쌓아 올렸다. 몸체 아랫부분

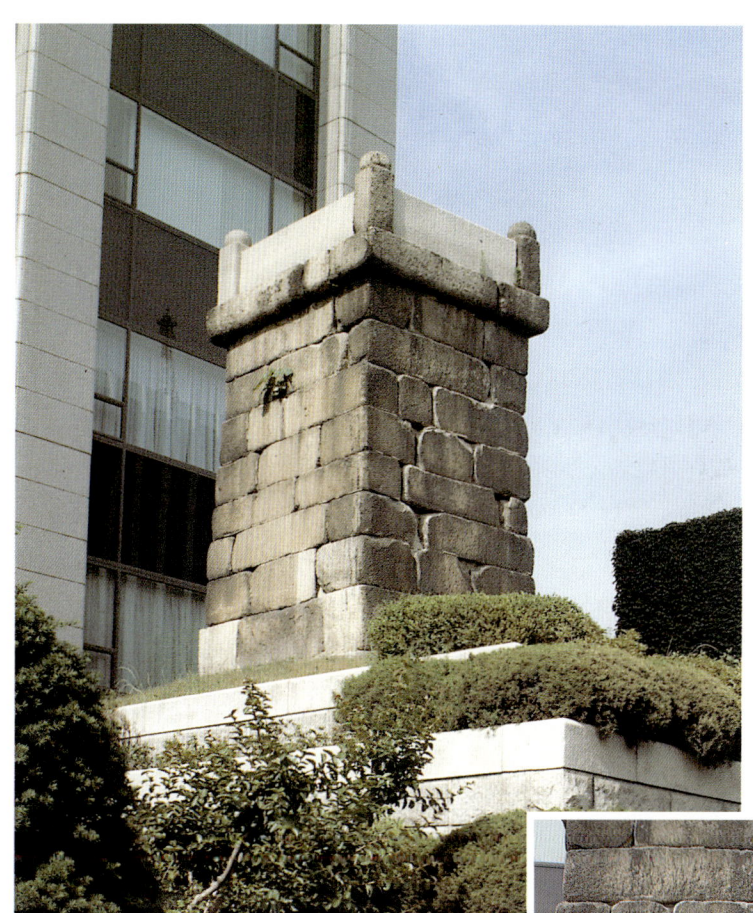

관상감 관천대(사적 제296호) **원경**(위)**과 석축**(오른쪽)
당시 북부 광화방 서운관에 축조된 소간의대이다. 장방
형의 장대석을 이용하여 바깥을 둘리고 내부에는 규격
이 조금 작은 막돌을 채워 기단을 조성하였다.

폭도 2.52×2.119미터이고 상부 폭은 2.21×2.56미터로 거의 수직에 가깝게 장대석을 8단으로 쌓아 올렸다. 석재 사이에는 서로 분리되지 않도록 은장(隱藏)을 설치하였고 내부는 갑석으로 채웠으며 강회다짐도 하였다.

상부 구조는 몸체의 제일 윗단 위에 갑석(甲石)과 같이 바깥으로 내밀어(약 22 내지 27센티미터) 설치하고 네 귀퉁이에는 동자주(31×31×89센티미터)를 세워 그 사이로 두께 15센티미터 높이 60센티미터 되는 통부재로 된 난간 판석을 설치하였다. 난간 내부 활동 공간은 1.95×2.25미터로 1.34평이다. 이 공간이면 2 내지 3명이 충분히 활동할 수 있다. 이 천문대의 관측 활동 공간에 이르는 통로는 몸체 폭보다 약간 높게 돌계단으로 하였는데 북쪽에 계단이 설치되었던 흔적이 있다.

관천대(觀天臺, 보물 제851호)

위치 서울시 종로구 와룡동 창경궁 내

규모 가로 2.3미터, 세로 2.7미터, 높이 2.11미터

형식 육면체 형식의 석축대

축조 연대 조선 숙종 14년(1688)

이 관천대는 여러 차례 옮겨 많은 부분이 새돌로 갈아 끼워져 지금의 자리에 있게 되었다. 관상감 관천대와 거의 비슷한 형식으로 천문대의 원래 모습이 많이 변화된 듯이 보인다.

기단도 보이지 않으며 몸체의 석축단은 수직에 가깝게 5단으로 장대석을 이용하여 쌓아 올렸다. 상단 부분은 갑석을 바깥으로 약간 내밀어 설치하고 갑석 네 귀퉁이에 홈을 파서 기둥을 박고 기둥과 기둥 사이를 높이 1.5미터, 두께 16센티미터 되는 판석으로

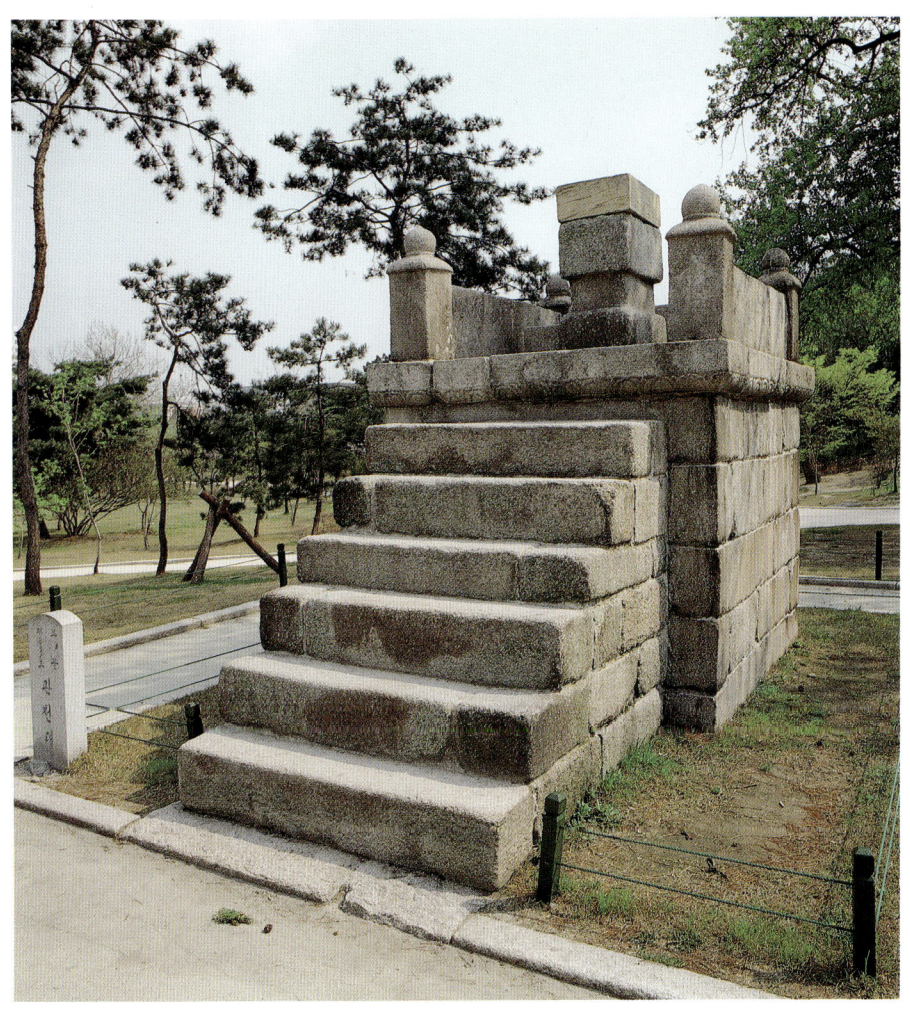

관천대(보물 제851호) 여러 차례 옮겨지면서 기단이 없어지는 등 원래의 형태가 많이 훼손되었으나 현존하는 천문대 가운데 계단과 간의대석의 원형이 유일하게 보존되어 있다.

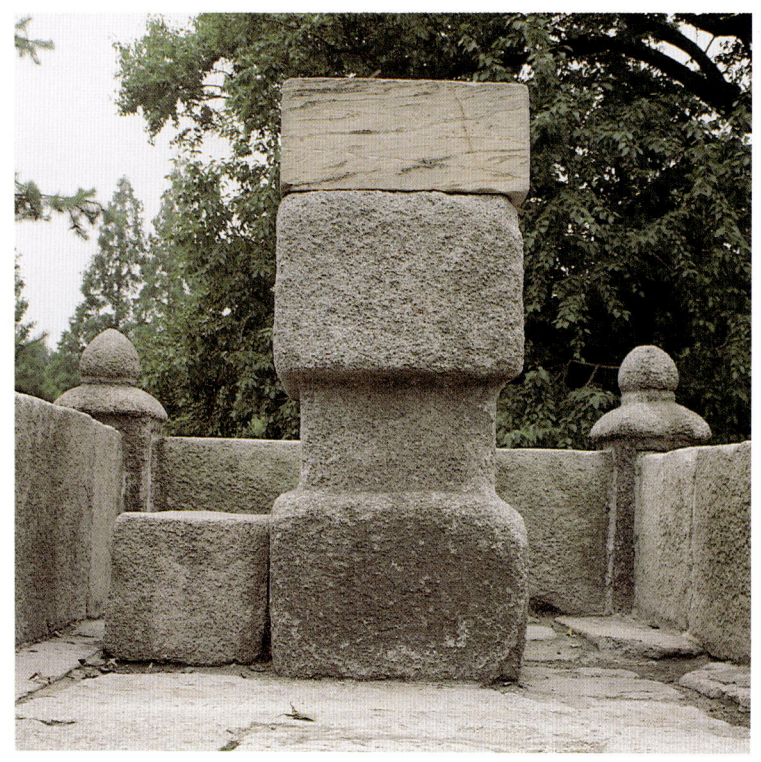

관천대 내부 간의대석 난간 내부 가운데에 간의대석과 관측 받침석이 설치되어 있다.

둘러 난간을 꾸몄다. 난간의 내부 한가운데에 허리가 잘록한 간의 대석(0.73×0.53×1미터)이 설치되어 있고 내부 공간은 약 1.1평으로 비교적 좁다.

관측대에 오르는 계단이 11단으로 디딤석이 있는데 현존하는 천 문대 가운데 유일하게 계단이 있다.

성곽

우리나라에 처음 등장하는 국가 형태는 성읍 국가였다. 성읍 국가는 도읍지에 성을 쌓고 이 성을 중심으로 주변 세력을 정복하여 차츰 고대 국가의 형태를 갖추었다. 따라서 초기 성곽은 외적을 방비하기 위한 구조물로, 한 국가의 울타리이며 삶의 터전이었다.

사마천(司馬遷)의 『사기』「조선전」을 보면 한나라 무제의 한반도 침략 기사 가운데 고조선의 도성인 왕검성(十儉城 : 오늘날의 평양 지역)이란 성곽 이름이 나온다. 이때가 기원전 1세기로 이 당시에 이미 성곽을 축조하였음을 알 수 있다. 고구려, 백제, 신라는 삼국시대로 정립되는 과정에서 많은 성곽을 축조하였는데 이미 삼국시대에 우리나라 성곽의 우수한 구조 형식을 꽃피웠던 것이다.

동·서양을 막론하고 도시가 서면 성곽을 두르게 마련이며 난공불락의 요새를 형성하여 안전을 도모함은 공통적인 성곽 설치의 목적이었다. 우리나라는 많은 성곽 축조의 역사를 보이는데 외적에 대한 방어라는 가장 큰 목적은 물론 통치를 원활하게 하기 위한 목적도 있었다.

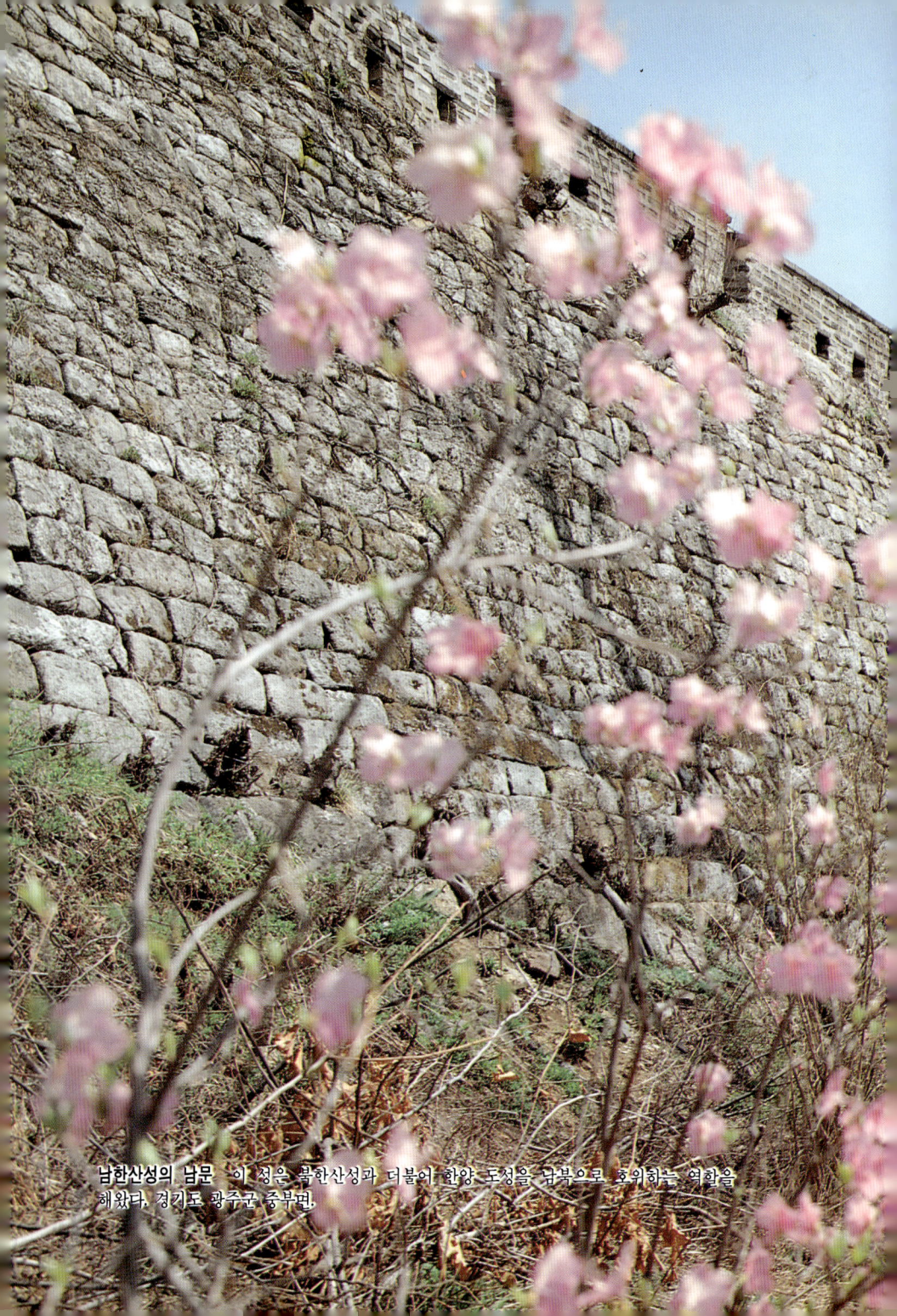

남한산성의 남문 이 성은 북한산성과 더불어 한양 도성을 남북으로 호위하는 역할을 해왔다. 경기도 광주군 중부면.

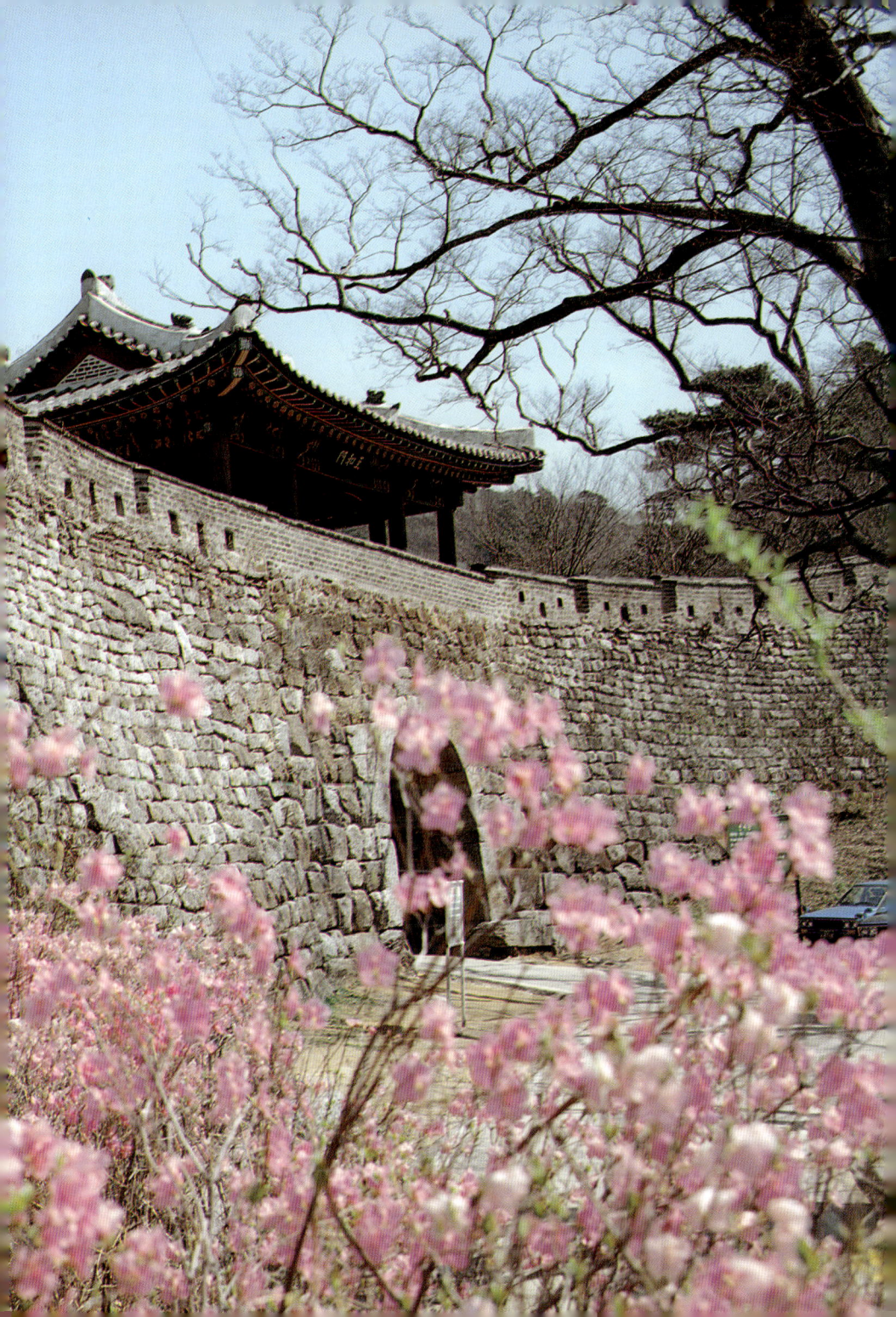

성곽의 종류

산성(山城)

산성은 지형에 의해 구분하는 평지성(平地城)과 평산성의 상대적인 용어이다. 우리나라 지형의 대부분이 산악으로 되어 있어 자연 산세를 이용한 전술이 발달하였으므로 주변 인접국이 산성을 이용한 전술에 고전하였음을 보여 주는 예가 허다하다.

당 태종이 고구려를 치려고 여러 신하에게 계책(計策)을 물으니 "고구려는 산을 의지하여 성을 만들었기 때문에 쉽사리 함락할 수 없습니다"라고 하였다. 그 뒤 거란[契丹]이 고려를 치려 함에 그의 신하가 간하기를 "고려 사람은 산성의 새처럼 산성에 깃듭니다. 대군이 가서 공격하다가는 성공을 거두지 못할 뿐만 아니라 자칫하면 제대로 돌아오지 못할 것입니다"(『만기요람(萬機要覽)』「군정편」4)라고 하였다.

산성은 우리나라 성곽의 대부분을 차지하며 산지의 지세를 최대한 이용해 적의 공격에 효과적으로 대응할 수 있는 우수한 성곽 가운데 하나이다.

산성은 성벽의 방어력에다 산세가 주는 방어력이 더해지는 성곽으로 함남 영흥에 위치한 철옹산성(鐵甕山城)은 산지라는 지세의 장점을 이용한 대표적인 산성이다. 이 철옹산성은 생김새가 마치 쇠솥과 같이 생겨 붙여진 이름이다.

도성(都城)

나라의 수도 서울로 평상시 권력의 상징인 왕이 거처하는 궁성을 포함하여 국가의 주요 기관이 모여 있는 중심 성곽이다. 도성

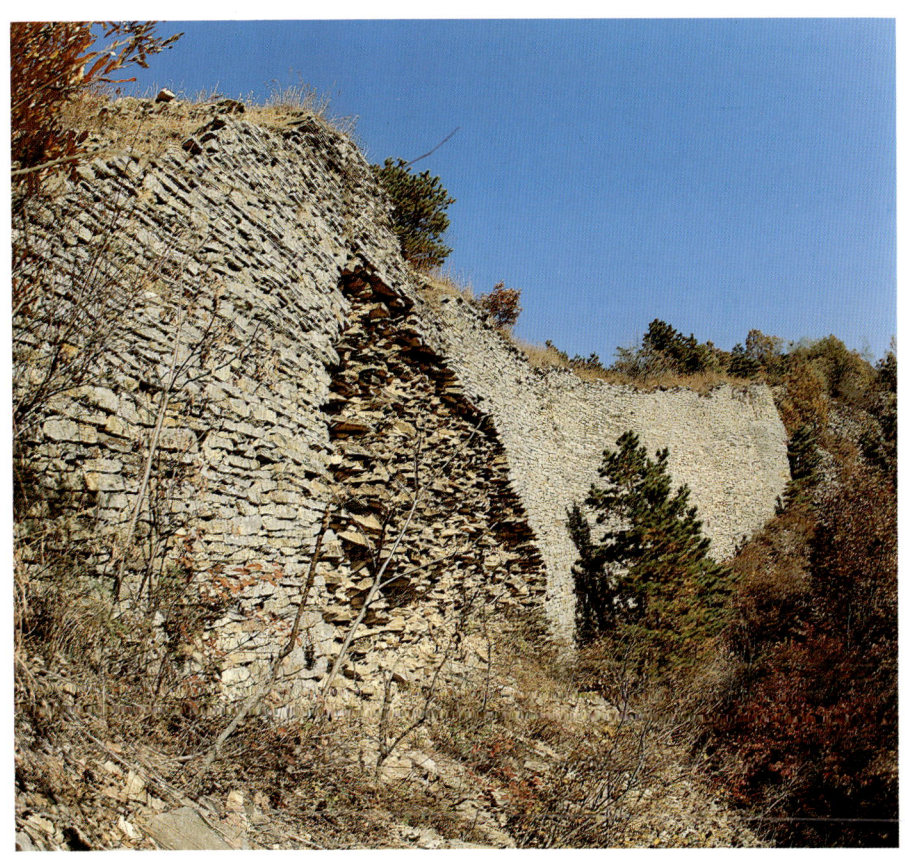

삼년산성　신라 자비왕 13년(470)에 축조한 산성으로 완공하기까지 3년이 걸려 이런 이름이 붙여졌다고 한다. 산지의 지세를 최대한 이용해 적의 공격에 효과적으로 대응할 수 있도록 축조한 산성은 1500여 년이 지난 오늘날에도 쉽게 무너지지 않아 그 공법이 매우 뛰어났음을 알 수 있다.

은 대개 내성에 해당되는 궁성과 외성인 나성을 갖춘 형태이다.

중국의 도성은 평지에 궁성을 중심으로 바둑판같이 종횡으로 도로를 낸 중심부를 성벽으로 둘린 형식이었다. 우리나라 도성은 이미 삼국시대 초기부터 발달한 산성의 장점을 잘 이용한 자연 지세 형식이었는데 성에는 궁성, 관아는 물론 민가까지 수용하여 유사시에는 장기 농성을 할 수 있는 형식을 하고 있다.

그간의 연구 성과에 의하면 도성의 형식을 갖추게 된 시기는 삼국시대 초기부터라 한다. 『삼국사기』의 기록을 토대로 삼국의 도성에 대한 기록을 살펴보면 다음과 같다.

고구려는 동명성왕 4년(기원전 34)에 "성곽을 쌓고 궁실을 만들었다"는 기록이 있는데 기원전에 이미 도읍을 정한 듯하고 제2대 유리왕 22년(3)에는 국내성(중국의 길림성 집안현)으로 천도하고 주위에 위나암성(尉那巖城)을 쌓았다. 곧 평상시에는 도성에 있다가 유사시에는 주변에 준비해 둔 산성에 들어가 항쟁하기 위한 듯하다. 제11대 동천왕 21년(247)에 다시 도성을 옮겨 오늘날의 평양성을 축조하였다.

백제의 경우 초기에는 지금의 한강 동쪽 지역 일대에 축조한 것으로 추정되는 도성인 한성(漢城)을 온조왕 13년(기원전 6)에 축조하였다. 백제는 두 번이나 도읍지를 옮겼는데 문주왕 1년(475)에 지금의 공주시인 웅진성(熊津城:공산성을 중심 지역으로 한 일대)으로 옮겼다가 성왕 16년(538)에 웅진에서 사비(부여 부소산성을 중심으로 한 지역)로 재천도하였다.

신라는 기록에 의하면 박혁거세 21년(기원전 37)에 금성(金城)이라는 성을 두었는데 금성은 오늘날 어느 지역에 위치했었는지 기록되어 있지 않다. 다만 도성이므로 현 경주 중심지인 넓은 평야 일대를 포함한 지역이 아니었던가 추측할 뿐이다.

이후 고려 태조 2년(919), 개경(開京 : 현 개성)에 도읍을 정하고 왕궁을 갖추었으며 현종 20년(1029)에는 강감찬 장군의 건의로 나성까지 쌓은 도성을 갖추게 되었다. 당시 나성의 둘레는 2만 9천7백 보이고 성문이 25개소나 되었다.

조선 태조 이성계는 한양을 도읍으로 정하고 재위 5년에 각 도의 민정(民丁)을 징발하여 오늘날의 서울 성곽을 축조, 완성하였다. 당시에는 대부분 토성으로 축조하였던 것을 세종, 숙종 때 석성으로 개축하여 오늘에 이르고 있다. 당시 석성의 둘레는 5만 9,500척(약 17킬로미터)이고 성 높이는 40척 2촌이며 4대문과 4소문 등 8개의 성문을 두었다.

읍성(邑城)

군, 현 주민의 보호와 군사적, 행정적인 기능을 함께 하고자 축조한 성이다. 도, 읍성의 차이는 "종묘 사직이 있으면 도성이고 없으면 읍성(有宗廟先君之主 曰都 無曰邑 邑曰築 築曰城 口其城郭也)"〔『설문해자(說文解字)』「힐배정편(詰杯正編)」〕이라 할 수 있다.

우리나라 읍성의 출현은 고려 말 왜구에 대비해 주로 바다에 인접해 축조한 것에서 비롯한다. 조선조 초기 서울에는 한양 도성을 축조했고, 지방에는 전란을 대비하여 고을 주민을 수용할 수 있는 읍성 축조가 활발하였다. 조선 성종 때 행정 구역 수는 330개소인데 당시의 읍성 수는 190개소에 이른다. 읍성은 주로 왜구의 침략이 잦았던 경상도, 전라도, 충청도 해안 지역에 많았다.

낙안읍성 읍성은 주로 왜구의 침략이 잦았던 경상
도, 전라도, 충청도 해안 지역에 많다. 전남 승주군
낙안면에 있는 낙안읍성은 둘레 1,384미터의 성벽
이 마을 전체를 둘러싸고 있다.(오른쪽, 아래)

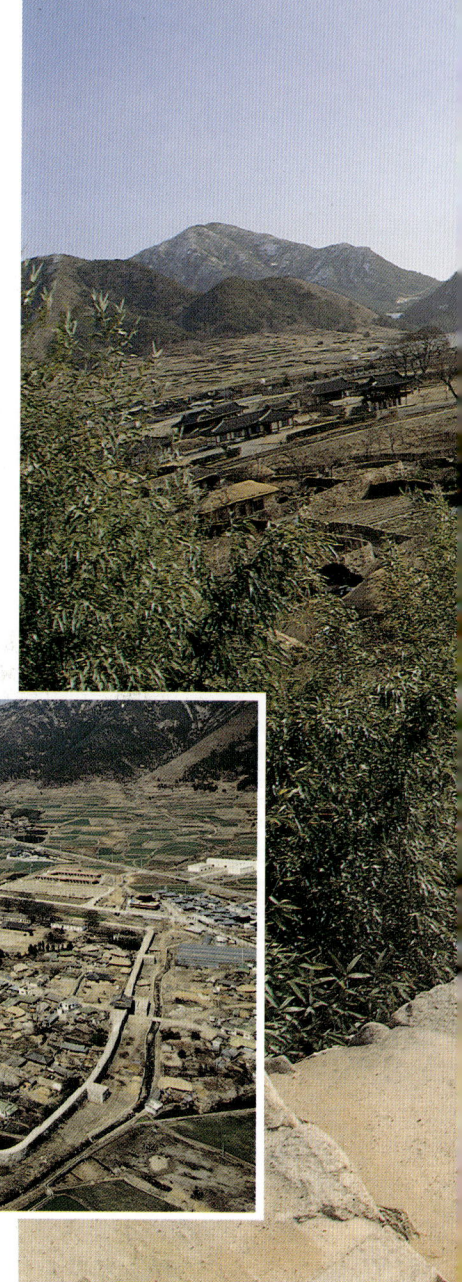

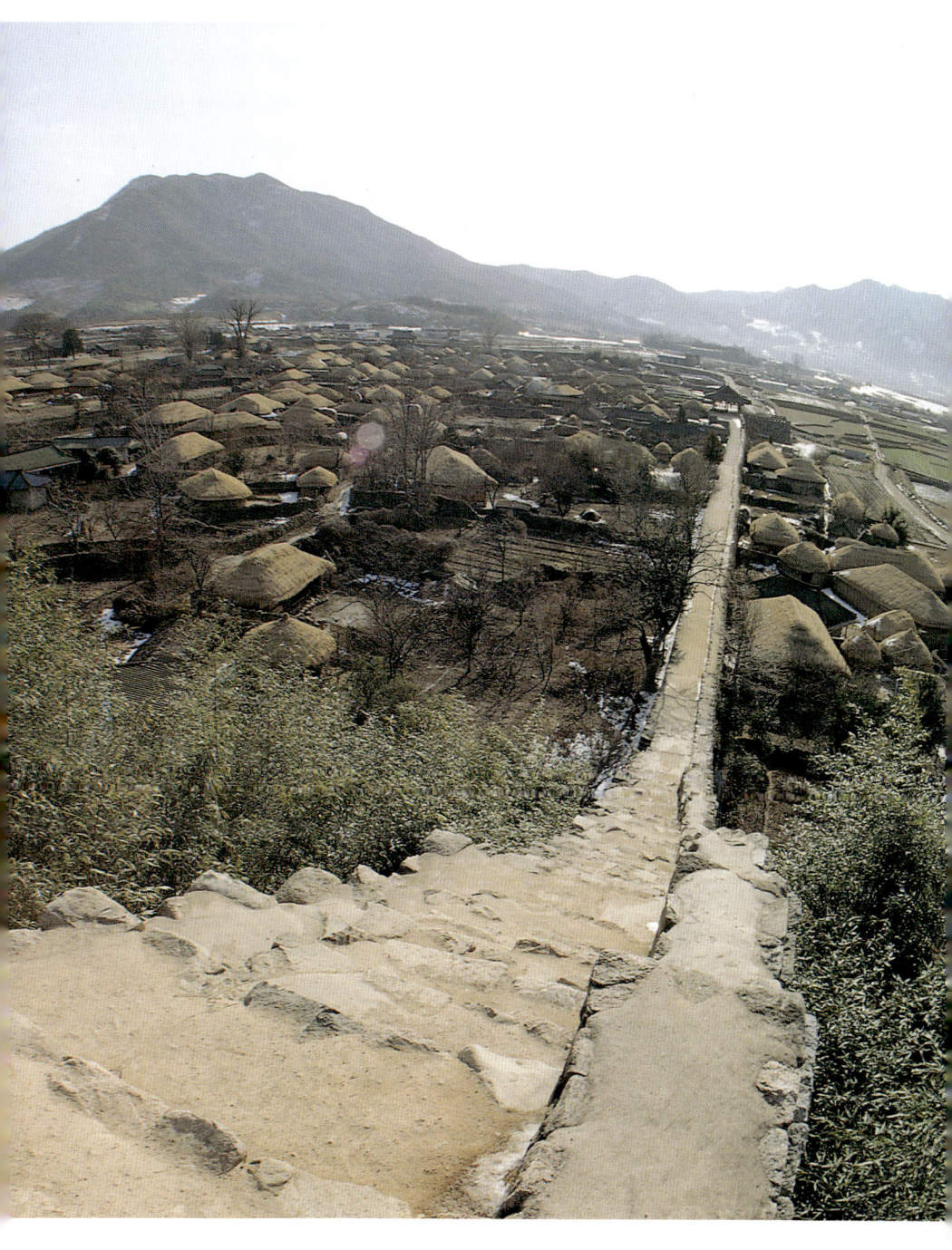

수원성 성벽 성벽의 재료나 축조 방법에 따라 성곽의 용도 및 성격이 조금씩 다르긴 했지만 일정 지역을 보호하는 방어력을 제공하는 시설로서의 기능에는 변함이 없었다.

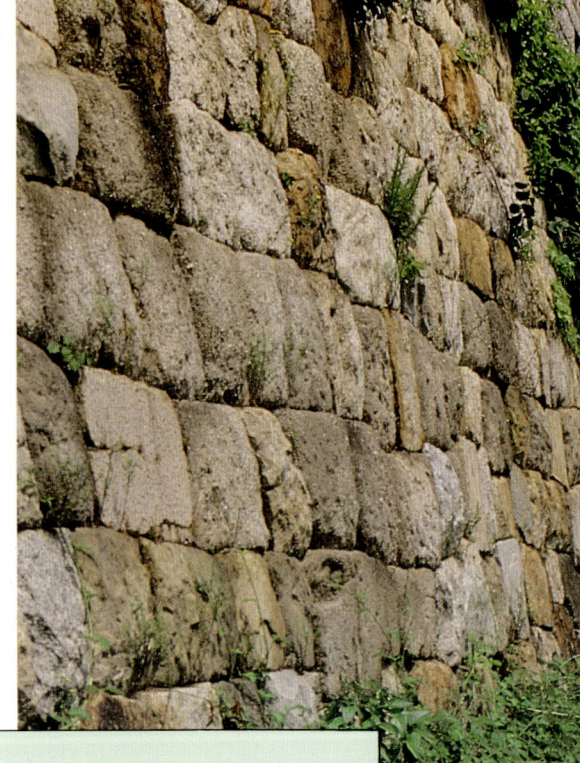

성벽의 명칭

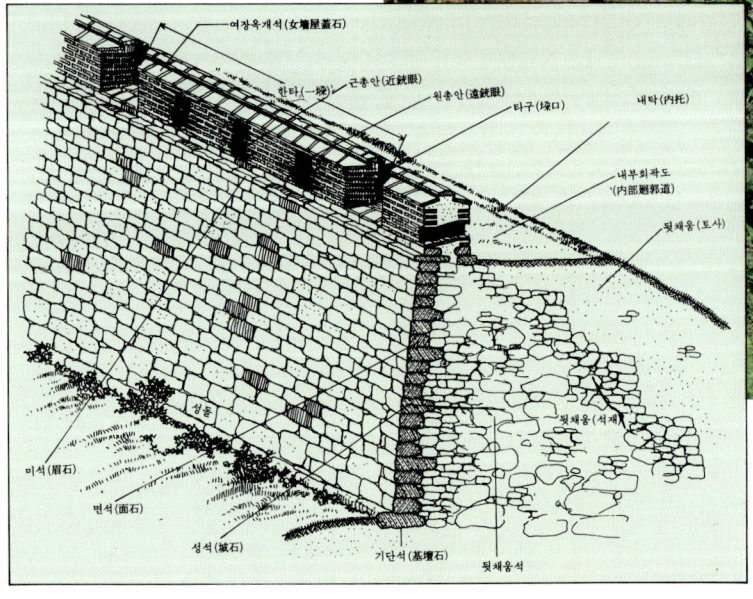

여장옥개석(女墻屋蓋石)
한타(一堞)
근총안(近銃眼)
원총안(遠銃眼)
타구(垜口)
내탁(內托)
내부회곽도(內部廻郭道)
뒷채움(토사)
뒷채움(석재)
성돌
미석(眉石)
면석(面石)
성석(城石)
기단석(基壇石)
뒷채움석

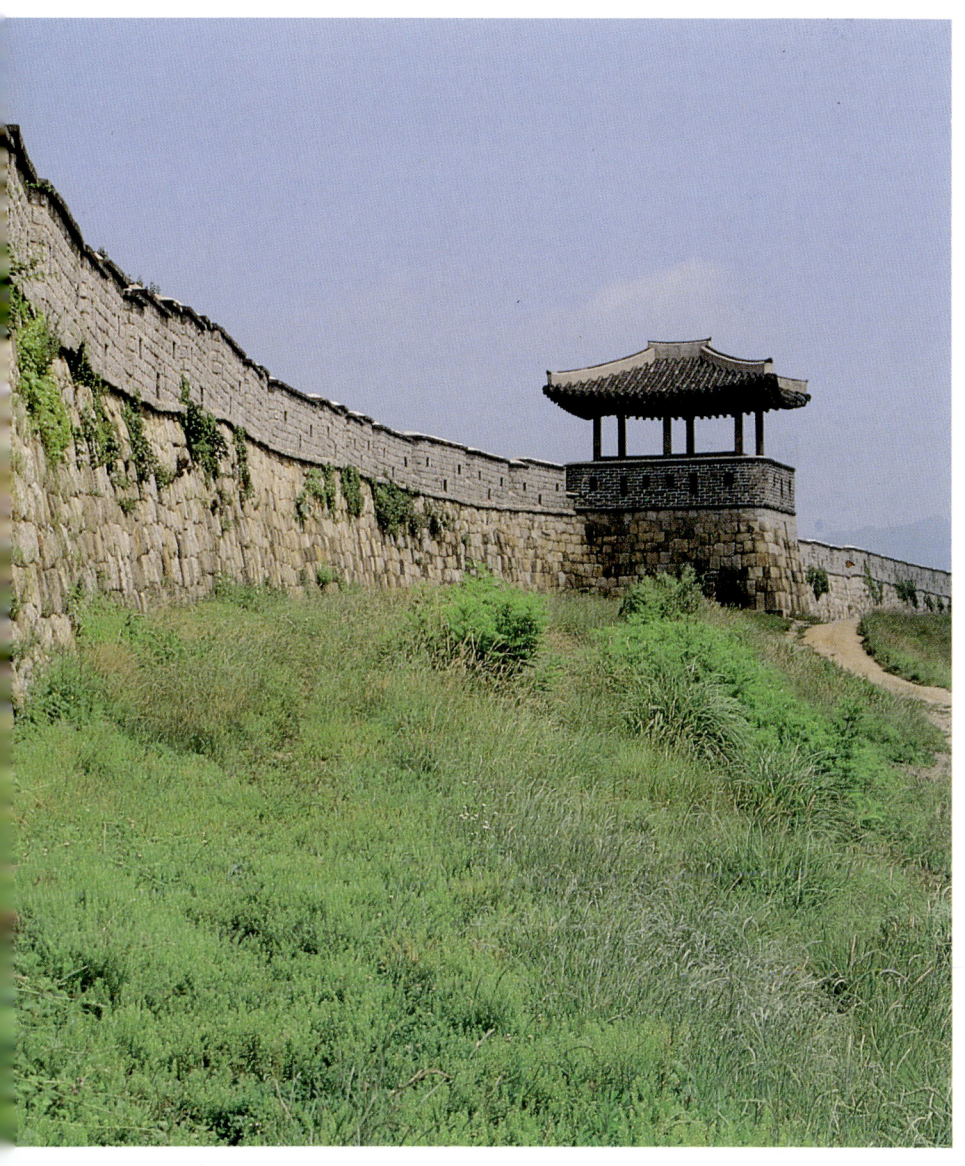

성곽의 구조 및 형식

성벽(城壁)

성곽의 성격을 구분짓는 것은 성벽이다. 일정 지역을 성벽으로 둘린 위곽(圍郭) 자체는 가장 큰 방어력을 제공하는 주요 시설이다. 특히 우리나라 성곽은 성벽이 차지하는 비중이 다른 어느 나라보다 크다.

목책성(木柵城) 『삼국지』「위지」동이전에 의하면 부여, 진한, 고구려, 신라 등 삼국시대 초기에는 주로 목책성을 축조하였음을

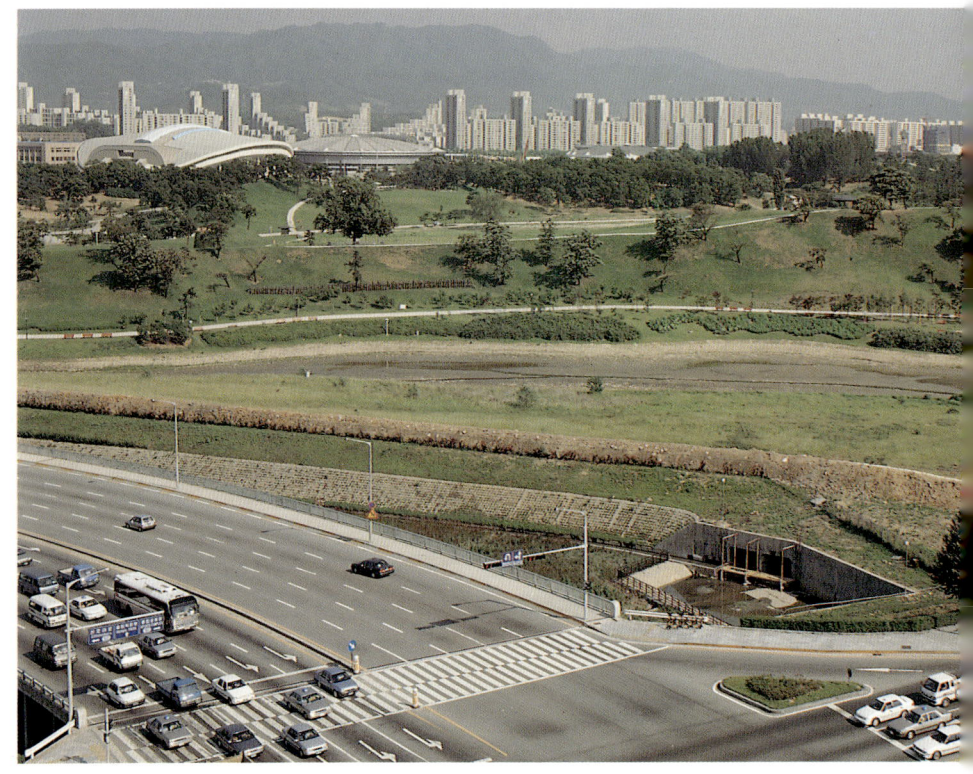

알 수 있다.

목책은 내구성이 부족한 반면 단기간에 설치할 수 있는 좋은 방어 시설물로 후대에도 사용된 방법이었다. 특히 토성벽에 함께 설치하여 방어력을 높이는 수단으로 많이 사용되었다.

토성(土城) 목책성과 더불어 흙으로 성벽을 조성하는 옛 형식이다. 토성은 목책보다는 공력이 많이 드나 삼국시대는 물론 조선의 도성이던 한성도 처음에는 토성으로 축조하는 등 상당히 오랜 기간 널리 사용된 재료였다.

산지 토성의 경우 기존 지세를 잘 이용하였는데 특히 급경사 지

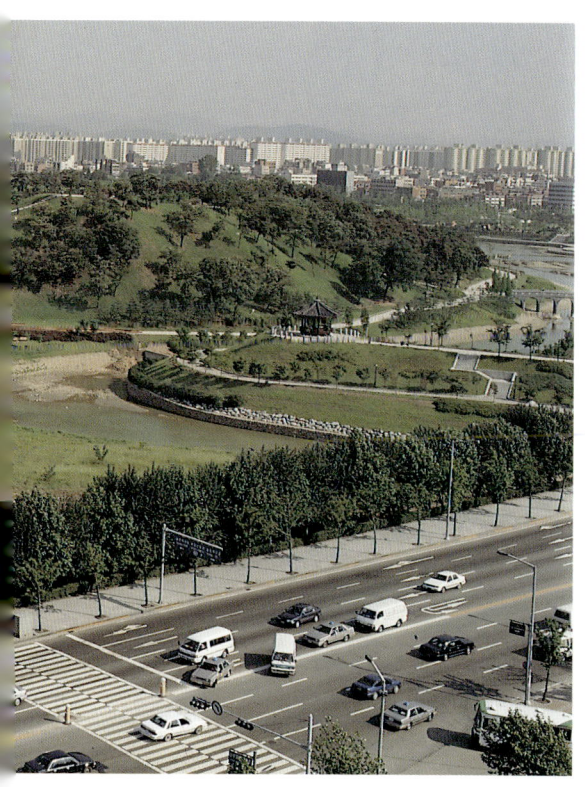

몽촌 토성 자연 지형을 잘 이용한 백제시대 주요 성곽 가운데 하나로 풍납토성과 함께 도성으로 추정되고 있다. 서울시 송파구 방이동.

역은 기존 지형을 깎아 경사에 대비하는 삭토법(削土法)으로 성벽을 조성하고 완경사에는 주변의 흙을 쌓아 토단(土壇)을 만들어 둔덕을 조성하는 성토법(盛土法)을 이용하였다. 그 밖의 주요한 성벽에는 토성벽을 조성하기 위해 한켜 한켜씩 얇게 깔아 다져 올리는 판축법(版築法)이 적용되었다.

석성(石城) 일반적으로 성벽 하면 석성을 떠올리게 된다. 이는 내구성이 부족한 나무나 흙을 차츰 돌로 개축하여 쌓아 현재 전하고 있는 성은 대부분 석성이기 때문이다. 석성은 산지에서 경사면을 이용하여 성을 쌓고자 하는 곳에 일부 흙을 파고 성 외벽만 석재로 쌓고 내부는 흙으로 단단히 다져 채우는 방법을 주로 이용했는데 내탁법(內托法) 또는 편축법(片築法)이라 한다.

다른 방법은 주로 평지에 사용된 경우로 성벽의 안팎면을 나란히 석재로 쌓아 올리고 내부는 석재로 채우는 방식이다. 이는 재료와 공력이 많이 들어가게 마련인데 평지 일부와 성문의 육축 부분 등에 적용된 예가 많다. 이런 방식을 협축법(夾築法)이라 한다.

성벽과 부대 시설

여장(女墻) 체성(體城)인 성벽 위에 설치한 낮은 담장과 같은 구조물이다. 여첩(女堞), 치첩(雉堞), 타여원(垜女垣) 등으로 부르기도 한다. 일반 담과 같은 형식의 평여장과 특수한 반원형, 볼록 여장이 있다. 여장에는 총안(銃眼), 타구(垜口:화살을 쏘기 위한 구멍) 등을 마련하였다. 총안에는 멀리 보고 쏠 수 있는 원총안과 성벽 가까이 온 적을 쏠 수 있는 근총안이 있다.

치(雉) 성벽으로 접근해 오는 적을 조기에 관측하고 적의 측면을 공격하여 격퇴시킬 수 있도록 성벽의 일부를 돌출시켜 만든 구

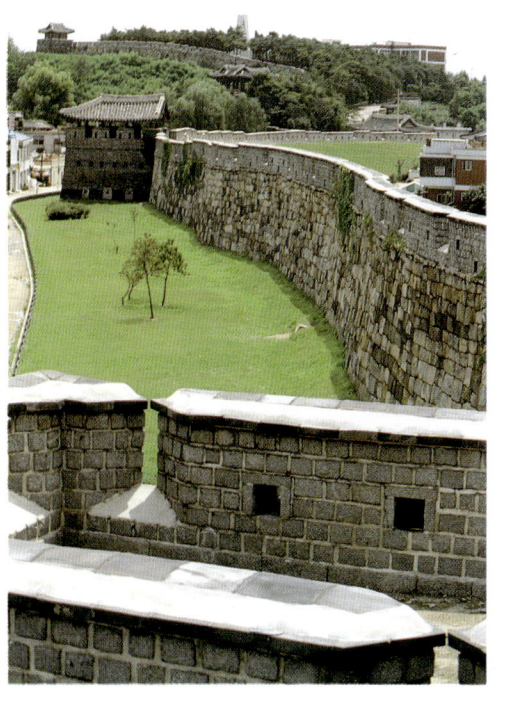

수원성 여장 여장은 성벽 위에 설치한 낮은 담장과 같은 구조물이다.(왼쪽)

치 치는 성벽에 접근한 적의 측면을 공격하여 격퇴시킬 수 있도록 성벽의 일부를 돌출시켜 만든 구조물이다. 수원성의 남포루.(아래)

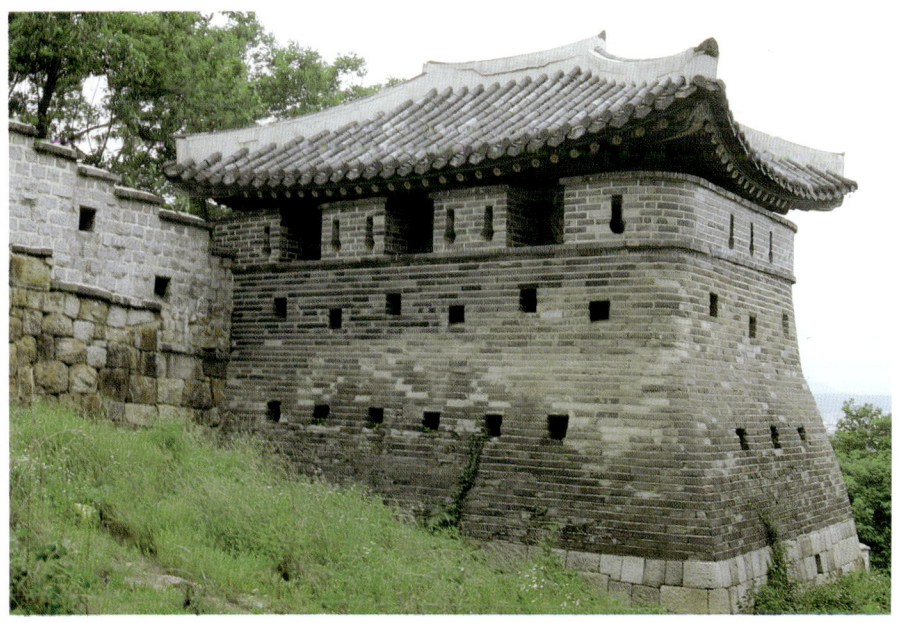

조물을 말한다. 대개 장방형의 형식이 많으나 일부 반원형도 있다. 치는 위치나 형태에 따라 다양하게 이름을 붙이고 있다. 다산 정약용(1762~1936)은 『민보의(民堡義)』에서 "치가 없으면 성이 없는 것과 다름없다(若無雉城 不如無成)"라 하며 치의 중요성을 강조했다. 일반적으로 치성(雉城), 곡성(曲城), 성두(城頭) 등으로 불리우고 위치가 모퉁이에 있는 경우는 각루(角樓)라 하기도 한다. 또한 무기[砲]의 설치 유무에 따라 포루(砲樓), 포루(鋪樓) 등으로 구분하여 부르기도 한다.

성문(城門)

성곽에서 성벽이 몸통에 해당된다면 성문은 얼굴에 해당된다. 성문은 단절시켜 놓은 성곽의 안팎을 연결하는 통로이며 유사시에 적의 공격을 저지하고 전세가 유리하면 적을 역습하는 통로가 되기도 한다. 성문의 수는 성곽의 규모에 따라 다르나 대개 동서남북 각 방향마다 1개소씩 4개소의 성문을 두는 것이 일반적이다.

성문의 명칭도 대문(大門), 소문(小門), 암문(暗門), 수문(水門), 간문(間門) 등 용도와 위치, 규모 등에 따라 각기 달리 불리기도 한다.

문과 부대 시설

성문은 외부에서 보기에 복잡하고 위엄있게 만들어 적의 접근을 어렵게 하고 위약한 성문을 보호하기 위하여 주변에 옹성, 적대 등의 시설을 하였다.

육축(陸築)　일반 성벽과 달리 출입 지역을 두껍고 높게 축조한 대를 육축이라고 한다. 산성의 경우는 주로 한쪽만 석재로 쌓

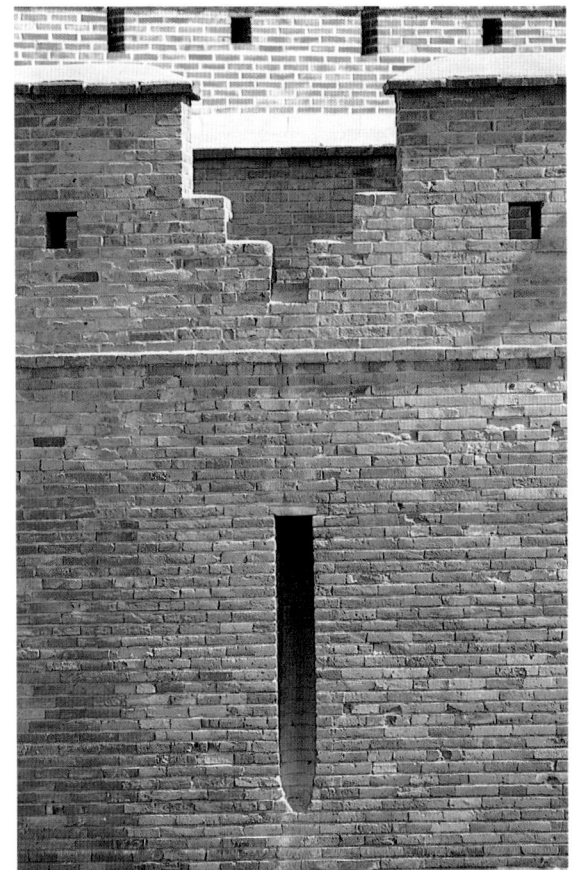

옹성의 여장과 현안 옹성에
는 몸을 숨기는 여장과 끓는
기름이나 물을 부을 수 있는
현안을 설치하여 적의 접근
에 효과적으로 대처할 수 있
게 하였다.

아 올리는 편축을 이용하였지만 육축만은 안팎을 석재로 쌓아 올
리는 협축으로 하였다. 육축에는 일반 성돌보다 규격이 큰 돌을
사용하였는데 이 돌을 무사석이라 부르기도 한다. 육축 아래 가운
데로는 출입을 할 수 있는 통로가 있는데 이 개구부에는 문짝〔문
비(門扉):적의 화공(火攻)에 대비하여 목재문 바깥에 철판을 덧
씌움〕을 달아 출입을 통제하였다.

　문루(門樓) 중요한 성곽의 문 위에는 누각을 두었다.

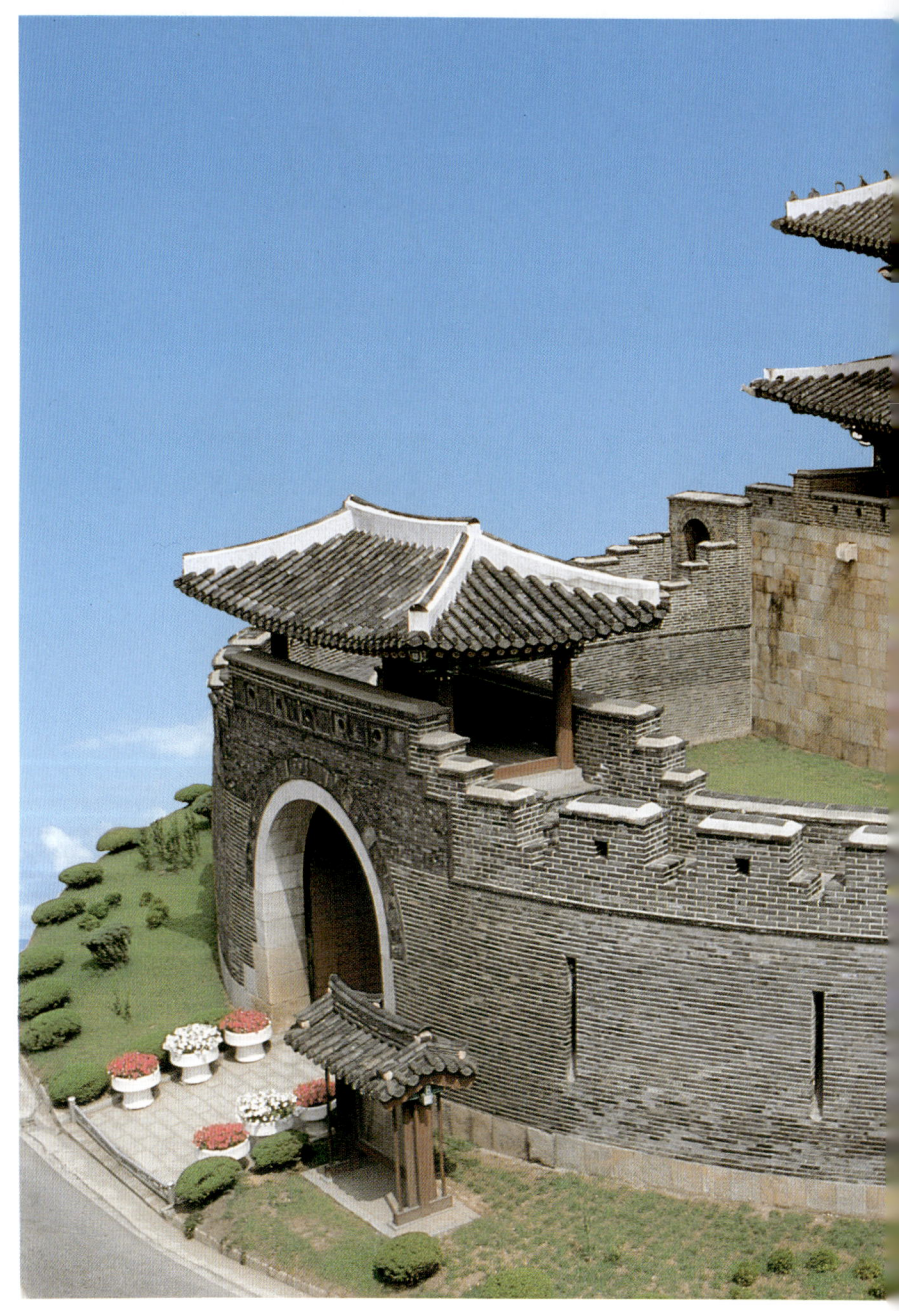

수원성 팔달문 적의 접근을 어렵게 하기 위해 성문 주변에 옹성, 적대, 육축 등의 보호 시설을 하였다

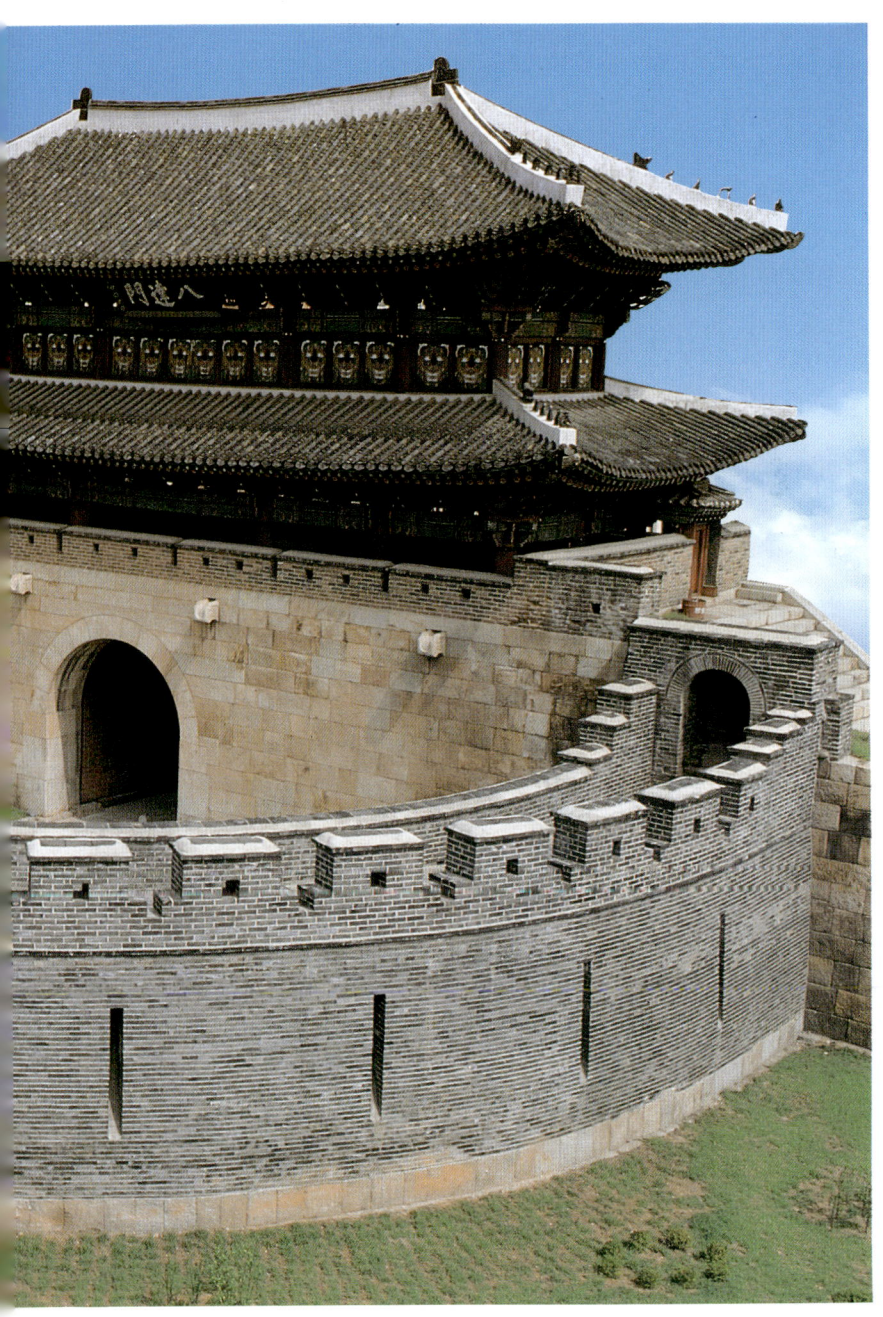

육축 위에 문루를 설치하여 성곽의 위엄을 나타내거나 유사시에
는 지휘하는 곳으로 이용하기도 하였다. 문루는 주변에 여장을 높이
쌓고 지붕에는 기와를 얹어 적의 화공에 대처하였다.

옹성(甕城)　성문을 보호하기 위한 시설로 성문 바깥을 둘린 이
중 성벽을 말한다. 옹성은 생긴 모양에 따라 붙여진 이름인 듯한
데 모든 성곽에 다 있는 시설은 아니지만 중요한 성곽에는 있게
마련이었다. 옹성은 대개 반원형이 많으나 사각형이나 특수형도
보인다. 출입문은 대개 좌우 어느 한쪽을 택하여 냈는데 이는 적
의 접근을 어렵게 하고자 한 듯하다.

적대(敵臺)　성문을 효과적으로 보호하기 위하여 설치한 치이
다. 성문 좌우에 두었기 때문에 별도로 붙여진 이름이다.

적대가 있는 성곽으로는 수원 북문, 부산 금정산성, 문경 조령관
문, 영변 남문 등이 있는데 가장 발달된 구조 형식을 가진 곳은 수
원성 북문인 장안문이다.

성 안팎의 시설물

성곽 안에는 주민을 수용하고 일정 기간 농성할 수 있는 시설을
갖추었다. 대표적인 시설로 성내 각종 창고와 우물이나 저수지 등
이 마련되고 성 외부에 해자(垓字)를 둔다. 물이 있는 경우는 해자
라 하고 물이 없는 경우는 황(隍)이라고 하였다. 우리나라는 물을
채우지 않은 건호(乾壕)가 많았고 사방을 완전히 둘리지 않고 취
약 지점에만 둘린 경우도 있었다.

고분

삼국시대의 왕이나 귀족의 무덤은 권력 과시나 신성성을 높이기 위해 대형화되었고 부장 유물 또한 다양하고 화려하다. 이 시대의 문화 특징이 고분에 잘 표현되어 있어서 이때를 고분 문화 시대라고도 일컫는다.

고분이란 고대의 분묘(墳墓) 모두를 말하는 것이지만, 좁은 의미로는 국가적 통제가 확립되어 가던 삼국의 건국 시기부터 신라에 의해 통일된 뒤 화장(火葬)이 성행함에 따라 대형 고분의 축조가 쇠퇴한 시기까지의 분묘를 가르킨다.

어느 시대를 막론하고 사람은 죽음 앞에서 엄숙해진다. 당시 사람들은 영생불멸 사상에 따라, 살아 생전의 생활 공간이 저택이라면, 죽어서 영원히 사는 공간으로 생각한 분묘를 격식있는 시설물로 조성하였다. 특히 지배층의 분묘 축조는 당시 피장자의 정치적, 사회적 위치를 나타내는 동시에 생활 관습과 문화를 가장 잘 나타내는 시설이다. 이러한 고분은 지역과 시대에 따라 각기 다른 특색을 지니고 있다.

경주 대릉원 삼국시대의 왕이나 귀족의 무덤은 권력을 과시하고 신성성을 높이기 위해 대형화되었다.

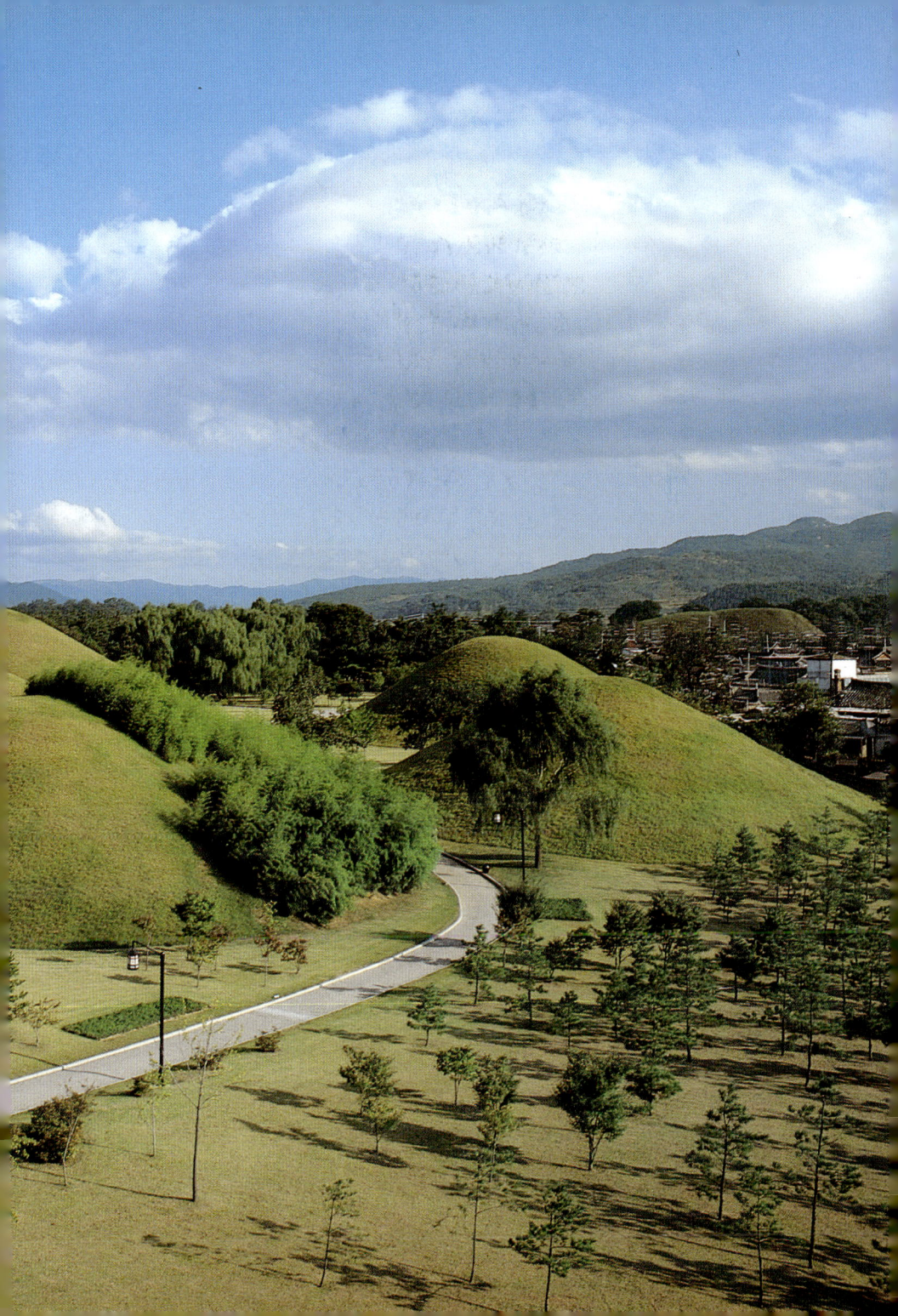

구분

우리나라에서 조사된 가장 이른 시기의 무덤은 신석기시대의 것으로 통영 연대도나 울진 후포리 등에서 발굴된 적이 있고 청동기시대 이후로 내려오면 보다 다양해진다. 초기 철기시대에 나타나는 목관묘는 원삼국시대에 접어들어 목곽으로 발전하면서 고분으로 이어지고 있다. 선사시대의 대표적인 분묘로는 우리에게 잘 알려진 고인돌[支石墓]을 비롯하여 석관묘(石棺墓), 적석묘(積石墓), 석곽묘(石槨墓), 옹관묘(甕棺墓), 토광묘(土壙墓) 등이 있다.

삼국시대의 고분은 외형으로 볼 때 석총(石塚)과 토총(土塚)으로 구분된다. 석총은 고구려식의 순수한 석총과 백제식의 토석 혼합식이 있고 토총은 적석봉토분(積石封土墳), 즙석봉토분(葺石封土墳), 일반봉토분(一般封土墳)으로 나뉜다. 이러한 여러 형식의 고분 가운데 건축적인 관심의 주대상은 석실묘이다. 특히 횡혈식 석실에 나타나는 다양한 현실(玄室)의 구조 형태는 고대 건축 기술의 편린을 보여 주는 대표적인 것이다.

현실(널방)

위치

현실이 분구에서 어느 높이에 놓여 있는가에 따라 지상식, 반지하식, 지표식으로 구분할 수 있다.

지상식은 현실 바닥의 위치가 지표보다 높은 분구상에 놓인 형식이고, 반지하식은 지표 이하로 땅을 파서 현실 바닥을 조성한

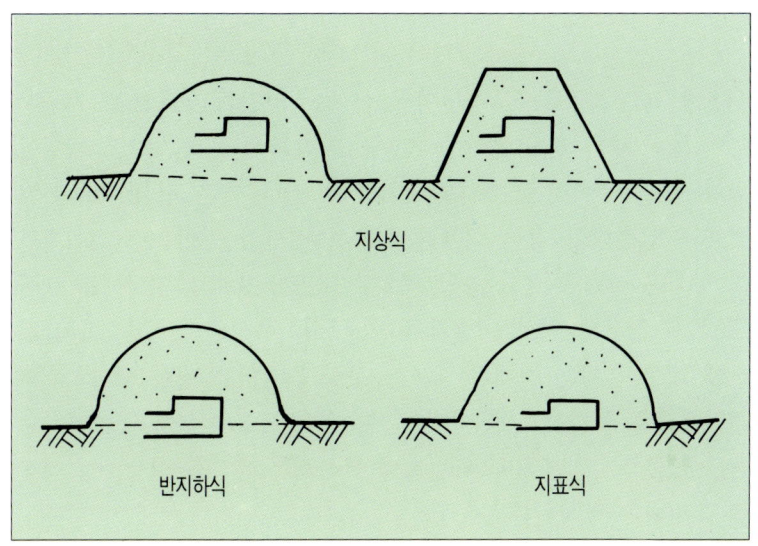

현실의 위치

것이다. 지표식은 지표선상에 현실 바닥을 조성하고 봉토를 조성
하는 형식이다.

현실의 위치가 봉토의 어느 높이에 있느냐 하는 것은 시기와 지
역적 차를 보여 주기도 하며 아울러 봉토의 규모, 현실 지붕의 천
장 구조 형식, 배수 처리 방식 등과도 밀접한 관계를 갖고 있나.

축소 기법

현실의 조성 기법으로 널리 사용된 방식은 알맞게 깬 돌을 이용
하는 것과 판석을 이용하는 것이 주류를 이루고 있다. 그 밖에 절
석과 판석, 판석과 장대석을 함께 쓰는 것이 있고 전돌을 이용하
여 축조하는 방식 등이 예외적으로 보인다.

절석 축조 깬 돌을 이용하여 현실을 축조한 고분은 궁륭형 천
장 고분과 평천장, 평사천장 고분이 주류를 이루고 있다.

대개 장방형으로 된 육면체의 석재를 약간씩 안쪽으로 기울여 쌓아 올린 다음 일정 높이부터는 눈에 띄게 현실 안쪽으로 내밀어 쌓아 올렸다. 이것은 아치형 구조와는 전혀 다른 방식이다. 아치 석재는 압축력이 강한 석재를 사용하는 장점을 이용한 것이지만 이 방식은 석재를 현실 중앙 쪽으로 내밀어 쌓고 마지막에는 모여든 석재 상부에 판석을 설치하여 천장을 구성한 것이다. 아치 천장에 내밀어 쌓는 석재는 내민 부분이 인장력을 받아 구조적으로 불안하므로 뒷길이가 긴 석재를 사용하여 이를 보완한 것이다.

판석 축조 장방형의 얇고 넓적한 석재인 판석을 이용하여 현실을 조성하는 방식이다.

판석을 현실의 네귀퉁이에 수직으로 세우고 이를 받침대로 하여 천장부를 조성한다. 이런 기법을 이용한 고분은 맞배형, 평사천장형, 평천장형 등의 현실에 이용된 방식이다. 소규모의 현실은 판석 1매로 조성하였으나 규모가 큰 경우에는 여러 장을 덧대어 축조하였다.

능산리 1호분의 경우 한 벽면이 1매의 판석으로 구성되어 있는데 이런 형식은 고구려 고분에서 일반적으로 사용되었다. 능산리 7호분은 4매로 구성되어 있는데 여러 장의 판석을 활용한 벽면의 틈새는 회(灰)로 메꾸었다.

천장의 구조 형식

평천장(平天障) 고분의 현실을 조성하는 방식으로 절석이나 판석을 이용하여 벽체를 조성하고 벽체 상부를 판석이나 장대석으로 덮는 형식이다. 단면 구조는 사각형으로 보인다.

판석을 사용한 경우 벽석이나 천장석 뚜껑돌에 홈을 파서 끼워

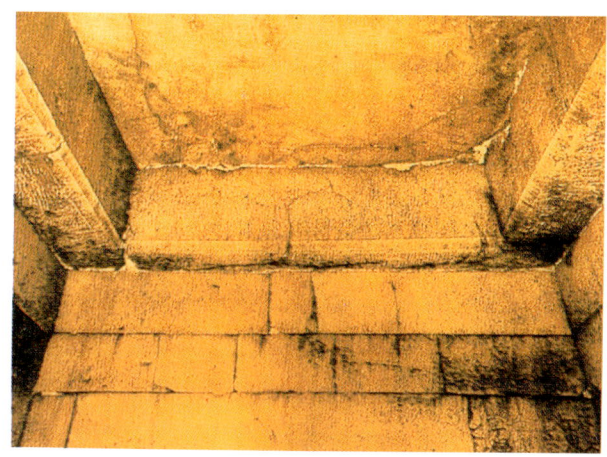

장군총 현실의 평천장 절석이나 판석을 이용하여 벽체를 조성하고 벽체 상부를 판석이나 장대석으로 덮는 형식이다.

장군총의 구조

평면도

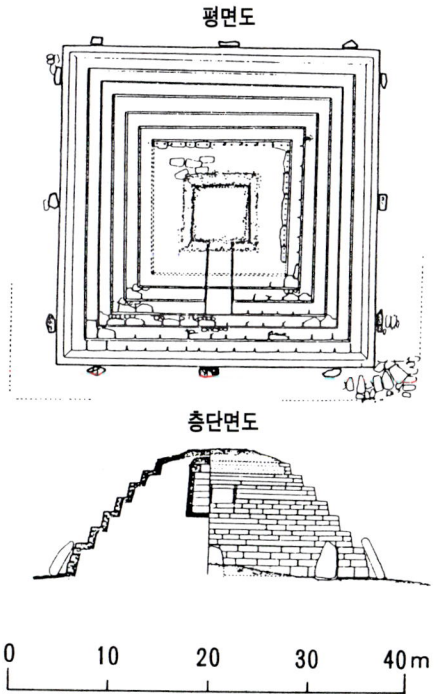

층단면도

```
0        10        20        30        40m
```

맞추는 방법도 보인다(나주 대안리 5호분). 이 방식은 비교적 간단한 축조 방법이기 때문에 석실분 출현 단계에서부터 가장 보편적으로 사용된 형식이다.

축조상의 특징은 판석의 경우 벽이 거의 수직으로 되어 있고, 절석의 경우 약간 안으로 기울어지게 축조한 것이 일반적이다. 판석과 절석을 동시에 사용한 경우, 하반부는 판석을 수직으로 하고 상부는 절석을 이용하여 차츰 안쪽으로 기울어지게 하였다. 평천장을 사용한 고분은 윗부분을 덮는 얇은 판석이 상부 봉토 부분의 하중을 견뎌야 하므로 현실의 규모가 적은 경우가 많다.

삼국을 망라하여 전국적으로 분포되어 있으며 시기적으로도 삼국시대 전기간에 걸쳐 축조되었다. 대표적인 평천장 고분으로 장대석을 이용한 길림성 즙안현 통구의 장군총과 나주 대안리 5호분 등이 있다.

말각조정천장(抹角藻井天障) 현실의 벽면을 판석이나 절석을 이용하여 일정한 높이를 수직에 가깝게 쌓아 올린 다음 천장 부분을 말각 곧 천장의 네 모퉁이를 좁혀가며 구성하는 방식이다. 이러한 방식은 고구려 석실분의 주요한 특징이다. 방형의 현실에 주로 사용하였으며 장방형 석실에서도 일부 보인다.

이러한 말각조정천장의 고분은 고구려 옛 도읍지였던 국내성 주변인 즙안현 통구 지역과 후기 고구려 도성이었던 평양성 주변인 대동강 유역 일대에 주로 분포되어 있다. 대표적인 고분으로는 평남 강서군의 약수리 고분, 중화군의 진파리 1호분 등이 있다.

이러한 구조는 모서리를 줄여 천장을 구성하게 됨에 따라 대체로 현실 규모가 큰 경우에 사용되었다. 현실 벽면에 절석을 사용한 경우는 일정 두께로 회를 발랐으나 판석에는 회를 바른 경우와

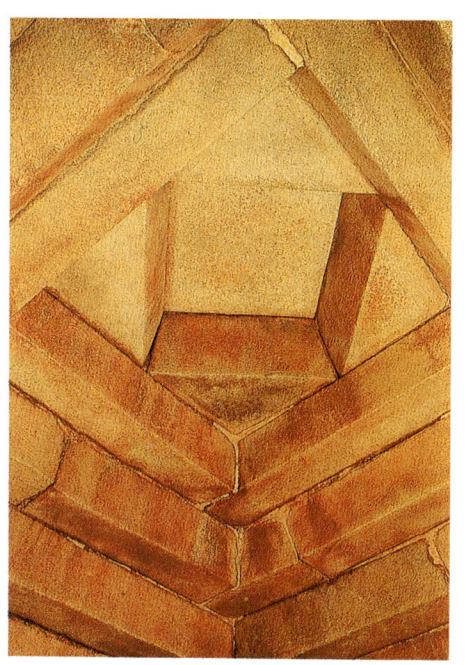

강서 소묘 현실의 말각조정천장　네 모퉁이를
좁혀가며 천장 부분을 구성하는 방식으로 주로
현실의 규모가 큰 경우에 사용됐다.

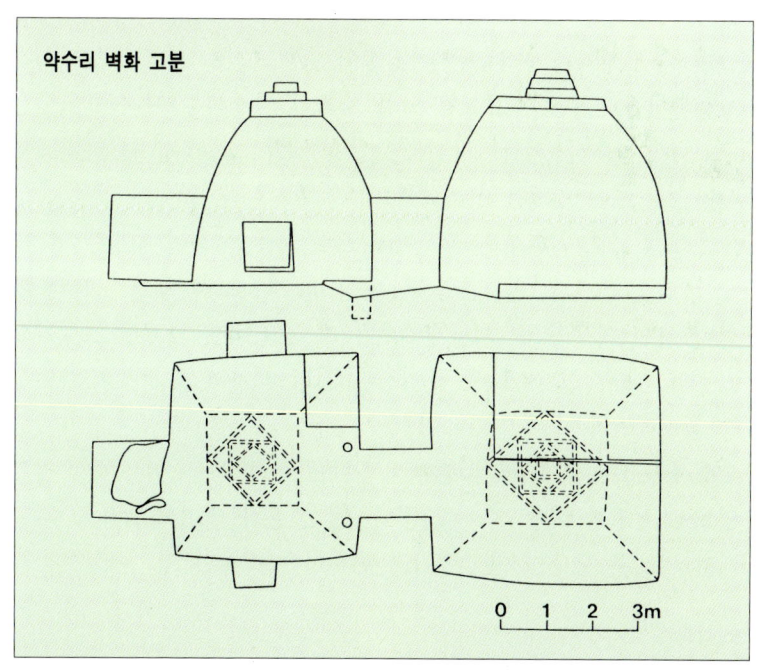

약수리 벽화 고분

0　1　2　3m

그렇지 않은 경우가 있다. 이러한 고분에는 주로 회벽이나 판석에 벽화를 그려 놓았다.

궁륭천장(穹窿天障)　일명 사아천장(四阿天障)이라고도 한다. 현실의 내벽을 일정한 높이까지 절석이나 판석을 이용하여 수직으로 쌓아 올린 다음 차츰 안쪽으로 기울어지게 쌓아 올려 천장 위를 좁히고 맨꼭대기에 1매의 판석을 덮어 마감하였다. 마치 삿갓을 덮은 형태로 보인다. 불안전한 구조이므로 뒷길이 다소 긴 석재를 이용하거나 현실 안으로 무너지지 않게 물림돌을 밖으로 설치하였다.

이 고분 형태는 고구려와 백제에서 모두 보이며 비교적 이른 시기에 축조된 것으로 볼 수 있다. 백제의 경우 한강 유역을 비롯한 공주, 영산강 유역에 분포하나 궁륭천장을 이룬 고분은 그리 많지 않다. 대표적인 것으로 백제의 공주 송산리 1, 5호분과 고구려 즙안현 통구 지역의 일명 사아천장총이 있다.

맞배천장　현실의 천장이 일반 가옥의 맞배지붕 형태와 비슷한 구조여서 붙여진 이름이다. 대개 장방형 현실의 장벽 위에 판석을 사면으로 세워 맞대는 형식이다.

이러한 고분은 대부분 크기가 작으며 공주나 부여 지방에 몇 기 남아 있을 뿐이다. 이들 고분은 현실 규모가 그리 크지 않으나 판석 사이는 내부 침습을 방지하고자 회를 발랐다. 맞배천장인 석실 고분의 대표적인 예로는 공주 신관동 1, 2호분과 교천리 4호분 등을 들 수 있다.

평사천장(平斜天障)　천장의 일부를 장대석을 이용하여 경사면으로 설치한 다음 그 위에 덮개돌을 얹은 형태이다.

이 방식은 단면이 육각형이고 현실이 장방형인 경우에 많이 사

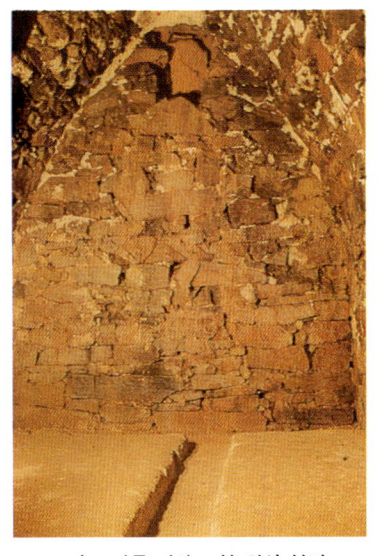

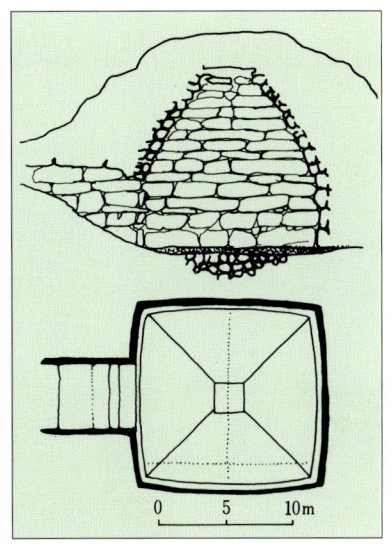

고령 고아동 벽화 고분 현실 북벽   궁륭천장(사아천장)의 구조

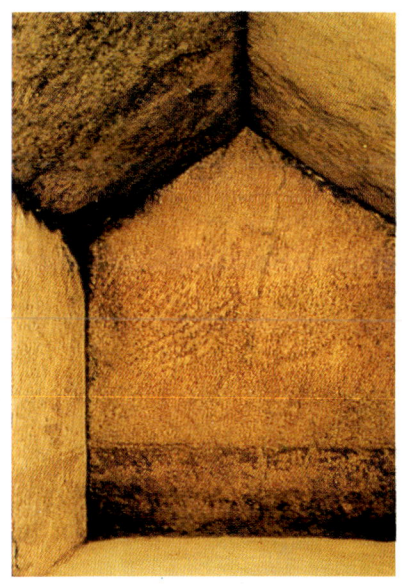

공주 신관동 제1호분 현실 북벽과 맞배천장

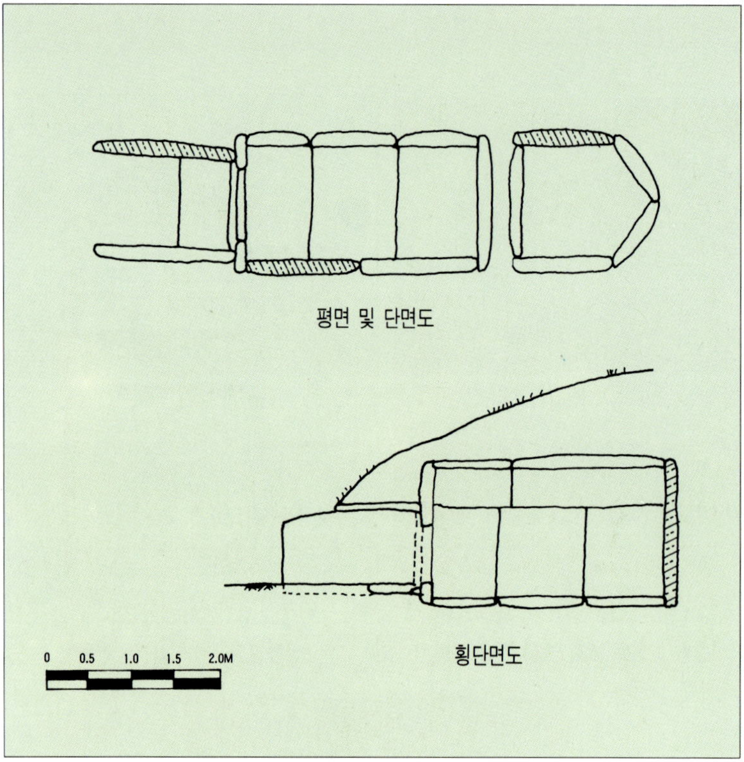

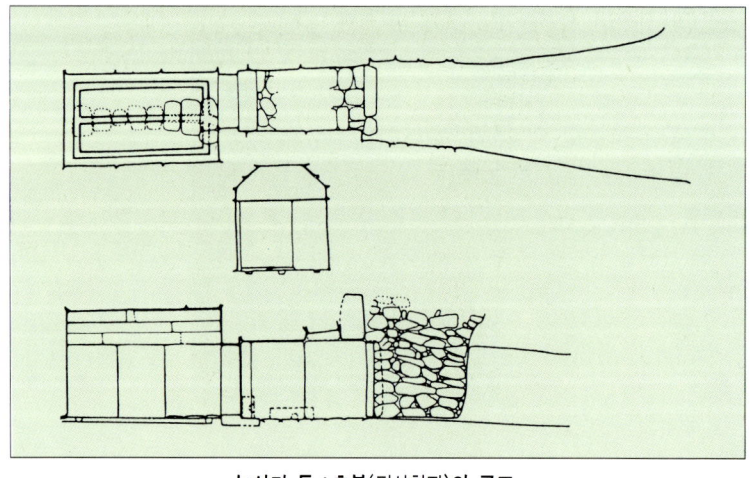

평면 및 단면도

횡단면도

0 0.5 1.0 1.5 2.0M

공주 신관동 고분 구조

능산리 동 4 호분(평사천장)의 구조

용됐다. 이러한 축조 형식은 고구려 고분에도 보이나 주로 부여 지역에 많이 남아 전한다.

대표적인 고분으로 사비 시대의 능산리 고분과 고구려 즙안현 통구 지역의 산연화총(散蓮花塚)을 들 수 있다.

터널형 천장 전축분에서만 보이는 형식으로 네 벽을 벽돌로 일정 높이까지 수직으로 쌓아 올린 다음 단벽은 수직으로 천장까지 쌓되 장벽은 아치로 쌓아 천장을 구성하는 방식이다.

무녕왕릉의 터널형 천장

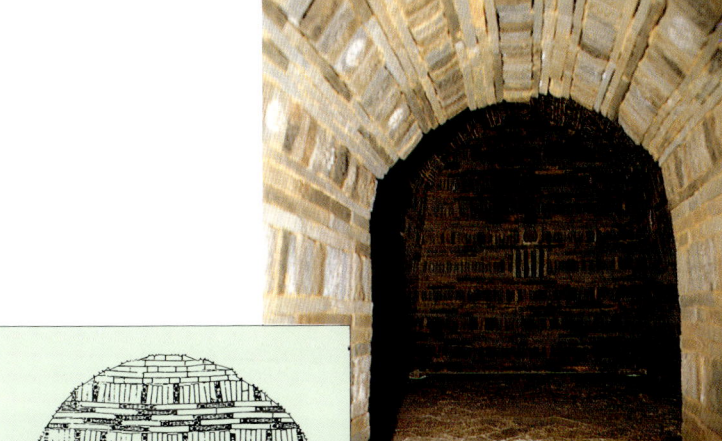

벽돌조 터널형 현실 구조는 중국 남조(南朝)의 전축분 축조 방식을 수용한 것이다. 대표적인 것으로 공주 송산리 고분 지역의 무녕왕릉, 송산리 6호분 등이 있는데 이 고분들은 모두 무늬 있는 벽돌을 쌓아 벽체를 구성하고 있다. 또 연문(羨門)을 달았으며 연문에 이어 연도가 달려 있다. 이 아치형 천장 구조는 현존하는 것 가운데 이른 시기의 것으로 건축 구조적으로도 주목할 만한 형식이다.

고분의 부대 시설

바닥 처리

현실 바닥은 대부분 연도 바닥과 같은 재료와 방식으로 판석이나 절석을 깔아 꾸몄는데 맨바닥으로 둔 경우도 있다.

석실에는 삼국 모두 현실 안에 관대 시설(棺臺施設)을 마련하였는데 관대는 바닥보다 한 단 높게 시설하였고 재료는 절석이나 장대석을 이용하였다. 석실은 남북을 축으로 북침(北枕)한 경우가 많아 자연히 연도는 남쪽에 마련하였다.

배수 처리

현실의 배수 처리는 초기 고분에는 고려되지 않은 듯 보이나 후기 고분에서는 많은 예를 찾아볼 수 있다. 특히 백제 고분에서는 배수 시설을 봉토 자락까지 연장시켜 배수 처리에 신경을 썼음이 밝혀졌다. 한 예로 송산리 6호분에서는 봉토의 자락인 호석에 이르는 배수 길이가 25미터나 된다.

봉토의 보호 시설

봉토를 보호하는 시설에는 호석(護石), 토류석(土留石), 즙석(葺石) 등이 있다.

호석이란 봉토의 유실을 막기 위해 봉토 자락을 따라 1단 또는 2단으로 쌓은 보호석이다. 이러한 호석은 형태가 다양한데 냇돌이나 절석으로 봉분의 자락을 둘린 형식에서 시작하여 삼국 통일기에 이르면 장판석을 둘리고 십이지신상을 새긴 형식으로 발전하였다. 방사상으로 돌을 쌓거나 봉토의 중복에 띠처럼 둥을 둘린 경우도 있고 봉토 위에 돌을 한 벌 까는 즙석의 형식도 있다.

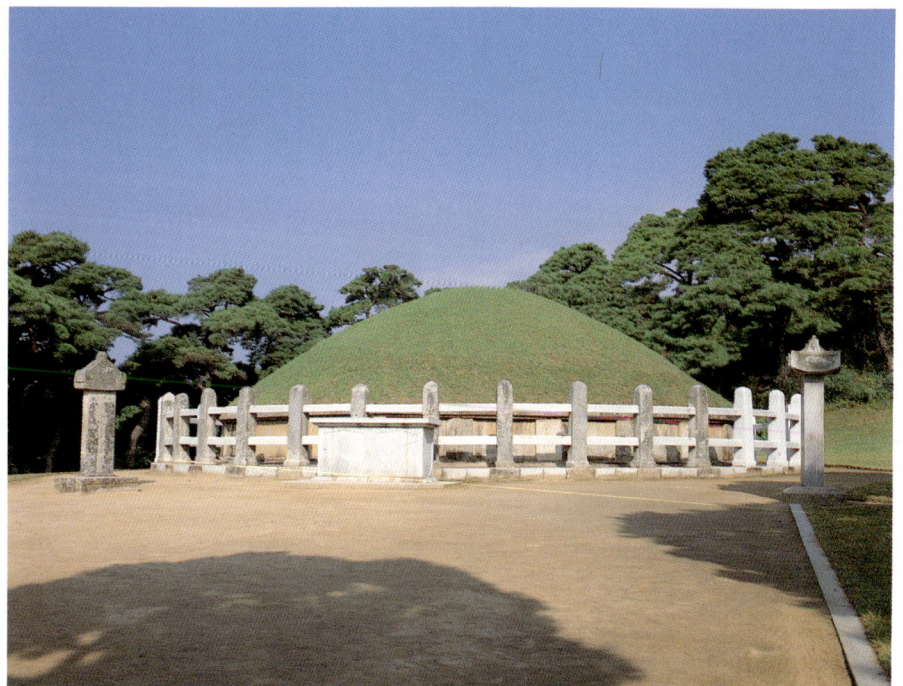

김유신 묘 봉토 주변에 십이지신상을 새긴 호석을 둘렀다. 봉토를 보호하는 시설로는 이 밖에도 토류석, 즙석 등이 있다.

다리

    예로부터 인간은 생활의 편리함을 꾀하고자 다리를 놓았다. 그러나 최초의 다리가 어떠한 형태이며 언제 만들어졌는가 하는 것은 정확히 알 길이 없다. 다만 인류가 식량 채집 단계인 구석기시대를 거쳐 식량 생산 단계인 신석기시대(기원전 5000~1000년)에 정착하면서, 자주 다니는 곳은 길이 되고 발이 빠지는 늪이나 소하천 등지에는 통나무를 걸치거나 주변의 돌을 띄엄띄엄 놓아 빠지지 않고 다닐 수 있게 했던 것이 다리의 시작이라 생각된다.

    우리나라 최초의 기록은 『삼국사기』「신라본기」실성니사금조(實聖尼師今條)에 "십이년 추 팔월 신성 평양주 대교(十二年 秋 八月 新成 平壤州 大橋)"라 한 것이다. 이때는 413년으로 평양주는 현재의 양주라는 설이 있으나 확실치 않고 어떠한 형태의 다리였는지도 알 수 없다. 다만 기록에 '대교'라 한 것으로 보아 당시에 상당한 규모의 다리를 놓았음을 알 수 있고 이전에도 여러 다리를 설치하여 이용하였음을 짐작할 수 있다.

    백제시대 기록으로 『삼국사기』「백제본기」동성왕조(東城王條)

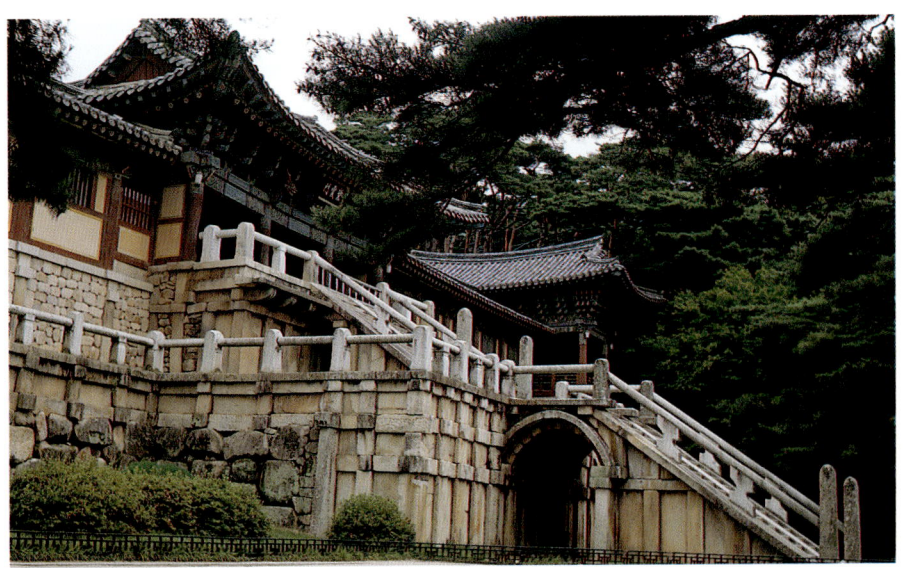

불국사 청운교, 백운교 현존하는 가장 오래 된 다리로 통일신라시대의 높은 기술 수준을 보여 준다.

에 "십이년 설 웅진교(十二年 設 熊津橋)"라 한 것이 있다. 이때는 498년으로 웅진은 오늘날의 충청도 공주이다.

이렇듯 삼국시대에는 이미 상당한 수준의 다리들이 설치되었다. 현존하는 가장 오래 된 다리로는 불국사의 자하문에 이르는 청운교 (青雲橋), 백운교(白雲橋)와 안양문에 이르는 연화교(蓮花橋), 칠보 교(七寶橋)가 있다. 이 다리들은 신라 경덕왕 10년(751)에 김대성 이 가설한 것이다〔『동경잡기(東京雜記)』 권 9 불우조〕.

종류

옛 다리에 사용되었던 재료는 돌과 나무가 대부분이었고 부분적 으로 흙, 잔디, 칡, 철물이 사용되었다.

흙다리〔土橋〕

엄밀한 의미에서 흙으로 축조한 다리는 아니다. 구조체는 나무 다리이나 통행의 편의를 위해 교면에 뗏장을 얹어 상판에 걸친 나무 사이로 발이 빠지지 않도록 한 다리를 말한다. 재료를 보면 토목 혼합교(混合橋)라 할 수 있으나 다리의 주체는 보행하는 교면(橋面)이므로 흙다리로 구분되어 불린다.

이 다리는 옛날 고을의 개천마다 마을 주민들이 힘을 합쳐 생활의 불편을 덜기 위하여 놓은 것이었다. 그 구조를 살펴보면 개천 가운데 목재 말뚝을 양쪽으로 박고 시렁재를 가로로 걸쳐 교각으로 삼았다. 그 위에 통나무를 붙여 깔아 칡넝쿨 등으로 묶어 고정

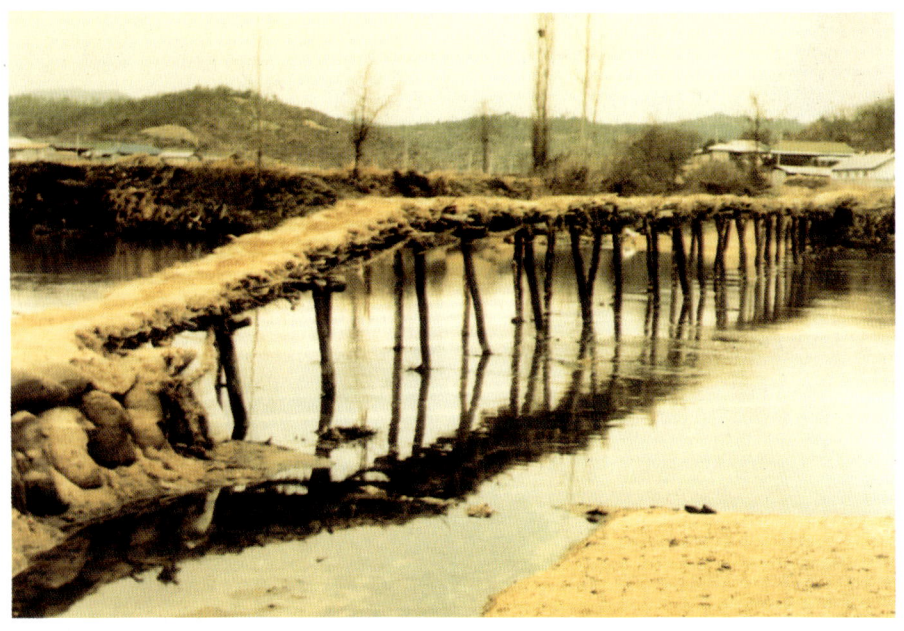

여주 사곡리 흙다리 나무로 교각을 세우고 뗏장이나 흙으로 상판을 조성하여 만든 흙다리는 생활의 불편함을 덜기 위해 마을 주민들이 자발적으로 가설한 것이 대부분이다.

시켰다. 윗면이 고르지 못한 관계로 그 위에 뗏장을 덮어 보행에 편의를 도모하였다.

사람들은 해마다 홍수 등으로 인해 다시 놓아야 하는 불편을 덜기 위하여 차츰 흙다리를 돌다리로 개축하였다. 많은 공력과 재력이 드는 돌다리는 당시 다리 설치의 이상적인 목표였다. 이렇게 흙다리를 돌다리로 바꾸게 되면 이 역사(役事)의 공덕을 교비(橋碑)에 새겨 영구히 후세에 전하려 하였다.

흙다리는 산간 벽지에서는 아직도 가설하여 이용하고 있는데 재료는 옛날 것이 아니나 옛 축조 수법을 그대로 보여 주고 있다.

나무다리〔木橋〕

가공이 가장 손쉽고 편리한 재료가 나무였다. 그러나 나무다리는 돌다리보다 내구성이 낮아 오늘날까지 남아 있는 경우가 드물다. 목교는 가설하기에도 가장 공력이 적게 드는 장점이 있다. 내구성이 낮은 단점이 있긴 하지만 휨에 대한 강도가 커서 기둥 사이의 간격을 넓게 할 수도 있다.

나무다리에 사용되는 목재는 침엽수인 소나무과에 속하는 것들이었다. 그 가운데 강송을 으뜸으로 꼽았다. 그러나 가장 널리 사용된 나무는 육송(陸松)이었다. 육송은 줄기가 휘어지고 가지가 많은 단점이 있는 것으로 알려져 왔지만 심산 유곡에 있는 소나무는 줄기가 곧고 질기며 휨에 강해 아주 유용한 재료로 사용되고 있다.

나무는 가공성이 좋은 재료이므로 다양한 형태의 다리 모습을 보여 주고 있다. 일반적인 나무다리 말고도 회랑(廻廊)과 같이 건물과 건물 사이를 잇는 형식이 있는가 하면 나무다리 위에 누각(樓閣)을 설치하기도 하였다. 이러한 누교는 지붕이 빗물을 막아

주어 오랜 기간 다리가 보존될 수 있었다. 경관지에 설치된 경우는 누정(樓亭)과 같은 휴식처로 이용되기도 하였다.

현재 남아 있는 나무다리의 교각과 교대는 전부 돌로 구성되어 있고 윗부분인 다리 바닥(橋床)만 나무로 되어 있다. 다리의 아랫부분은 항상 물과 접촉하게 되어 목재로는 몇 해를 넘기지 못하기 때문이다.

나무다리는 모두 보다리(桁橋) 형식인데 이는 압축에 약한 나무로 구름다리의 홍예를 틀 수가 없기 때문이다.

돌다리(石橋)

남아 있는 대부분의 다리는 돌다리이다. 옛 사람들이 생각하는 가장 좋은 다리가 돌다리였음은 두말할 나위가 없다. 징검다리나 석재 한 장을 걸쳐 놓은 간단한 널다리에서부터 가장 긴 살곶이다리(箭串橋 : 조선시대, 76미터)에 이르기까지 그 규모가 다양하다. 형식도 널을 걸쳐 놓은 형교(桁橋)와 교각이 반원형을 이루도록 홍예를 틀어 만든 구름다리 등 석재의 특성에 맞게 여러 형태의 다리가 조성되었다.

석재가 풍부한 우리나라는 다른 나라에 비해 돌다리의 가설 여건이 좋았다. 우리나라 전역에 고루 분포되어 있는 화강석은 치석하기가 쉽고 내구성이 강해 널리 사용되었다. 다리를 설치하려는 지역의 석재가 운반이 손쉬우므로 그 지역에서 많이 생산되는 돌이 돌다리의 재료가 되기 마련이었다.

처음에는 자연석을 사용하거나 간단한 가공을 하여 설치하였으나 차츰 구조적인 안정을 얻고자 치밀한 가공을 하였다. 돌다리의 기초나 교각을 튼튼히 하기 위해 돌과 돌 사이의 접합 부분에 은

장을 사용한 예가 몇 곳에서 보이는데 축조 때 철물이 사용되었음을 알 수 있다.

형식

다리의 재료와 형식은 불가분의 관계를 갖고 있다. 재료의 특성을 살려 사용하기 위해서는 알맞은 구조와 형식을 채택하지 않으면 안 된다.

곧 나무다리는 나무의 인장 강도가 큰 점을, 돌다리는 돌다리의 압축 강도가 큰 장점을 최대한 이용한 형식으로 주변 재료에 따라 자연적으로 나타나게 마련이다.

보다리[桁橋, 板橋]

널다리라고도 하는데 가장 오래 된 형태이면서도 현대에 이르기까지 가장 널리 사용된 형식이다.

보다리의 원시적인 형태는 어떠하였을까? 아마도 원시인들은 주변에 있는 큰 나무를 통째로 넘어뜨려 개천 양쪽 가장자리에 걸친 외나무다리를 이용한 것으로 보인다. 이 다리는 차츰 하천 폭이 넓은 곳에도 적용되었는데 하천 가운데 교각을 여러 개 세운 디경간(多徑間)다리로 발전하였다.

한편 다리 폭도 한 사람만 겨우 다니던 규모에서 여러 사람이 동시에 다닐 수 있고 마차나 수레가 다닐 정도로 커졌다. 옛날에 청계천에 있었던 수표교(水標橋:현재는 장충동으로 옮겨졌음)는 다리 폭이 7.5미터나 되었다.

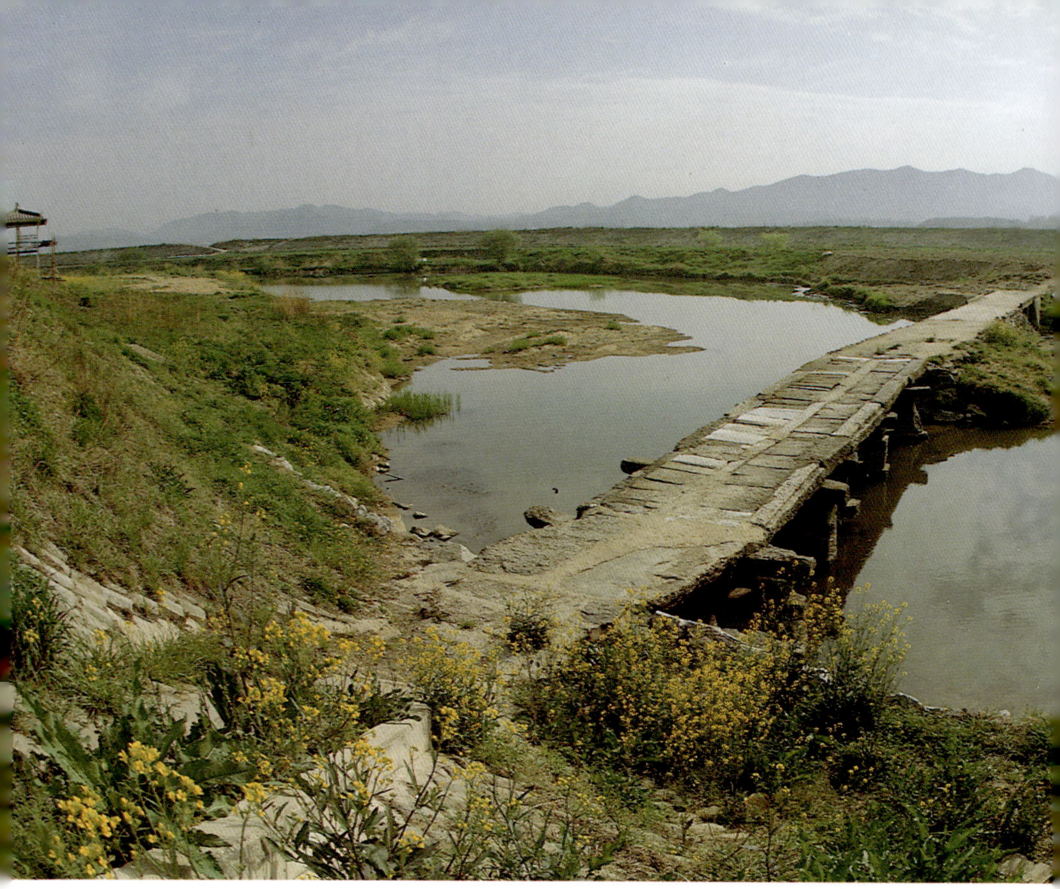

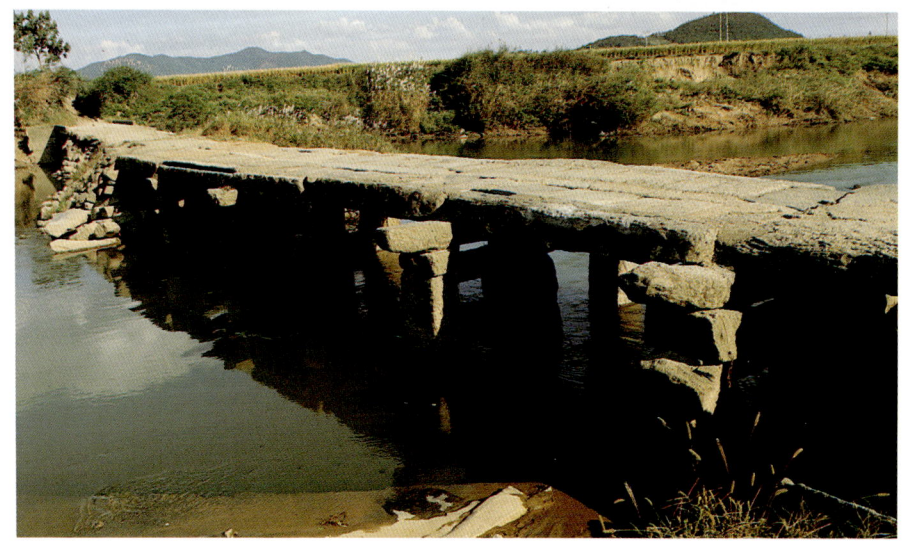

함평 고막천 석교　보다리 형식으로 가설된 석교이다. 전남 함평군 학교면 고막리.(왼쪽)

고막천 석교의 다리 구조　교각 반침석을 물 속에 설치하고 가공한 돌로 2, 3층의 교각을 설치하여 다리 바닥을 받치고 있다.(옆면 아래)

보다리의 구조(아래)

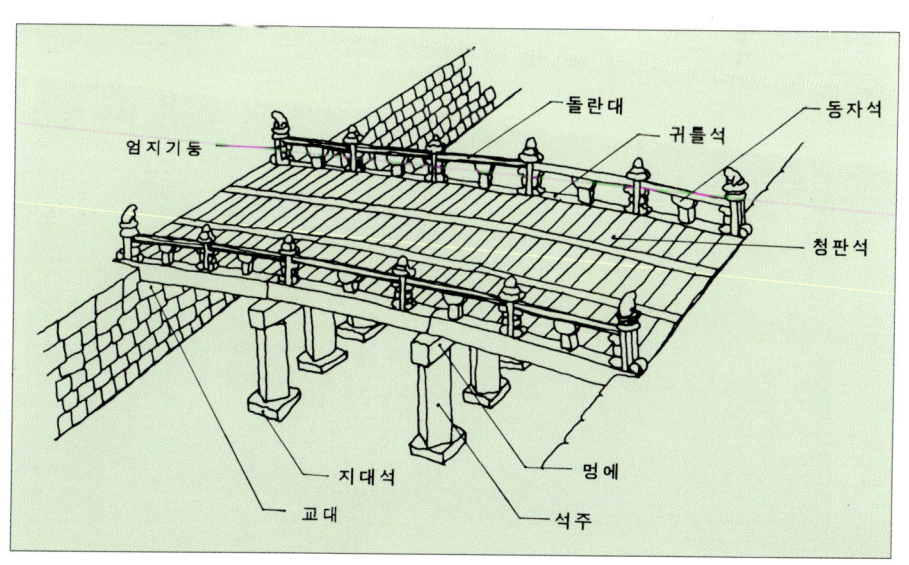

구름다리〔虹橋〕

보다리가 수수한 다리라면 구름다리는 조형미가 뛰어난 아름다운 다리이다. 구름다리는 보다리에 비해 많이 가설되지 않았는데 공력이 많이 들어 축조하기에 힘이 들었기 때문이다. 그러나 안정된 축조 형식이기 때문에 지금까지 남아 있는 숫자가 많다.

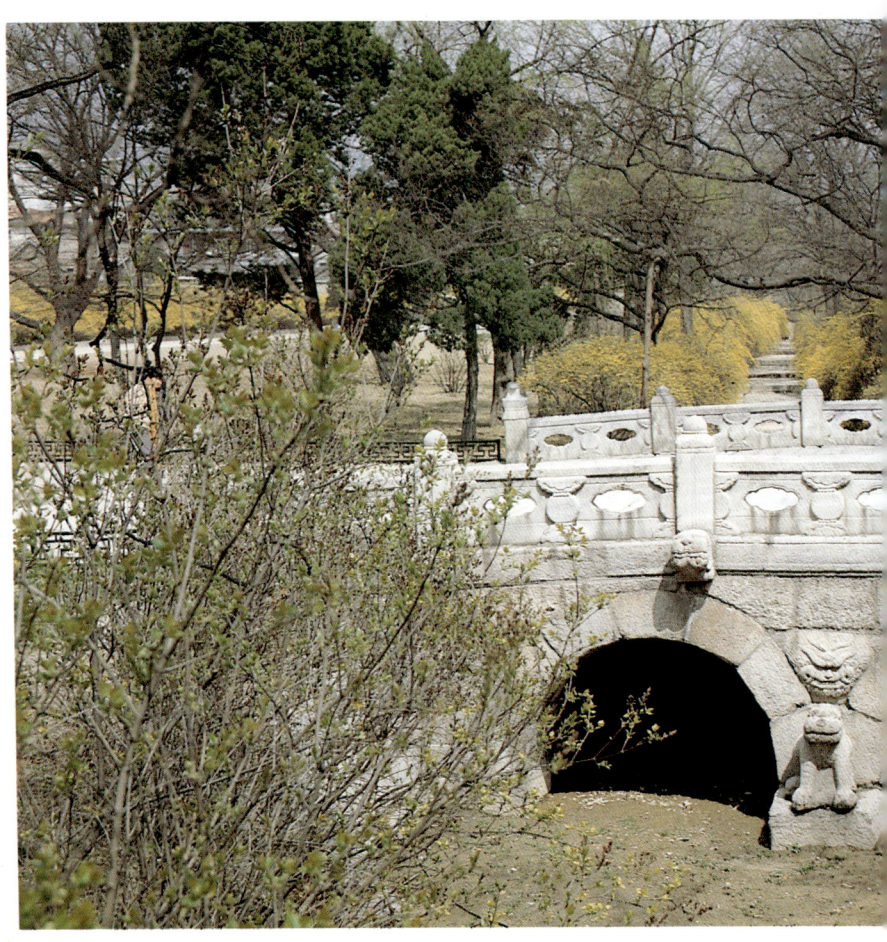

민간 지역에서는 주로 보다리를 놓은 데 비해 궁궐이나 사찰에서는 구름다리가 널리 사용되었다. 이는 통로의 기능보다는 조형미가 앞섰기 때문이다. 또한 사찰에 구름다리 형식이 많은 것은 불교와 밀접한 관련을 갖는 의미를 내포하고 있기 때문인 듯하다. 궁궐 안 구름다리의 상판에는 특수하게 삼도 형식(三道形式)이 보

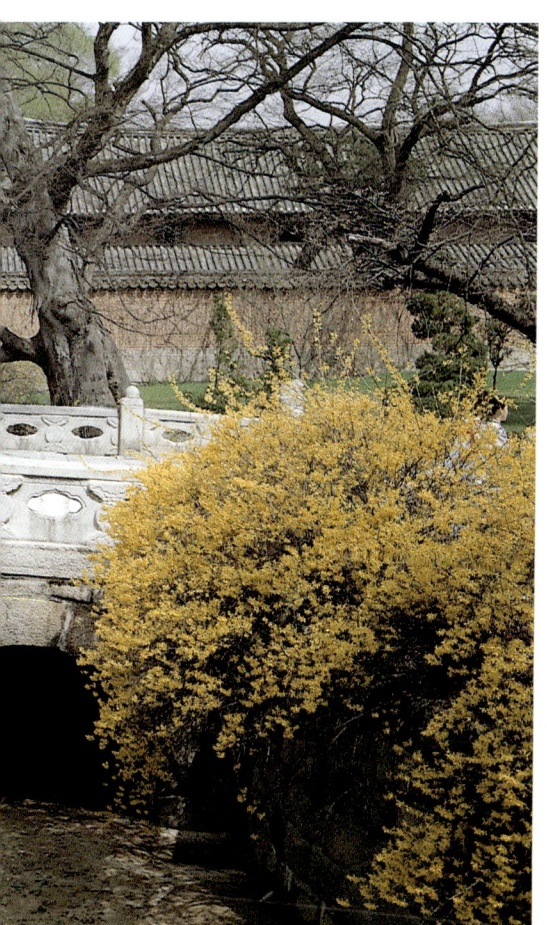

창덕궁 금천교 구름다리 형식은 많이 가설되지 않았지만 현재까지 남아 있는 다리가 상대적으로 많은 이유는 구조의 안정성 때문이다.

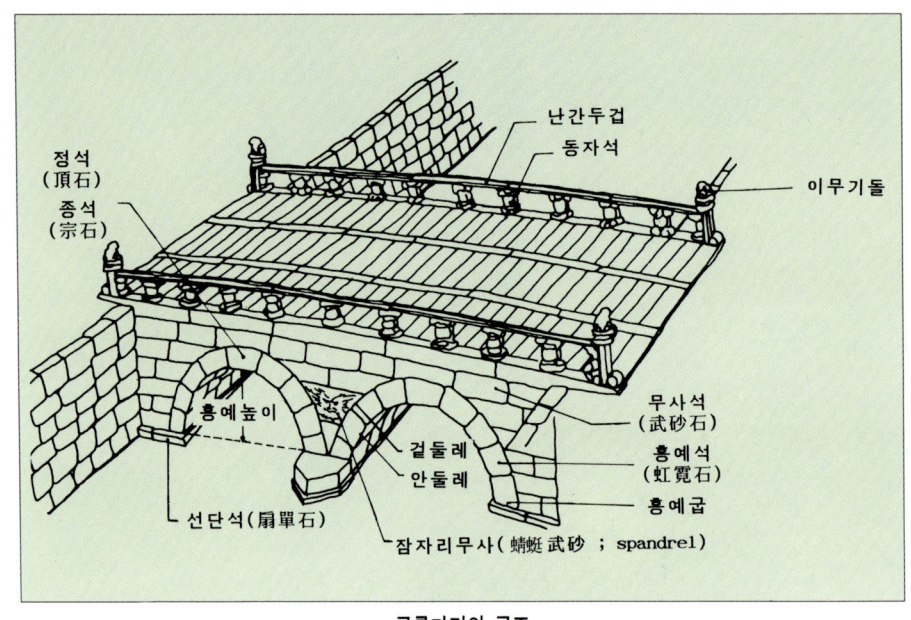

구름다리의 구조

이는데 이는 신분에 따라 통행을 구분하기 위한 수단으로 설치한 것이다.

조선 정조 4년(1780)에 경남 창녕군 영산면 동리에 가설된 만년교(萬年橋)는 단칸 홍교로 홍예 지름이 8미터에 이른다. 이러한 홍교는 홍예 지름을 넓혀 기둥 사이의 거리를 더욱 넓힐 수 있는 구조이다. 그 밖에 특수한 다리로 징검다리, 누다리, 매단다리, 배다리 등이 있다.

징검다리〔跳橋〕

옛 그림에 자주 나오는 다리로 바닥이 없는 불완전한 형태를 하고 있다. 사람의 통행이 많지 않은 한적한 개울에 주변의 재료를 이용하여 설치하였다. 이것은 물에 젖는 불편을 덜기 위해 가장 간편한 방법으로 설치하였으나 디딤돌의 높이도 일정하지 않아 물이 많을 때는 이용하지 못했다.

징검다리는 사람만이 조심해서 겨우 통과할 수 있고 수레나 가마 등은 건널 수 없는 가장 원시적인 다리 형태이다.

배다리〔舟橋, 浮橋〕

옛날에는 수심이 깊고 폭이 넓은 강에는 다리를 설치한 예가 없다. 나루터를 두고 나룻배로 건너 다녔다. 그러나 강의 수면 위에 다리를 놓은 경우가 있었는데 그것이 바로 주교 또는 부교였다.

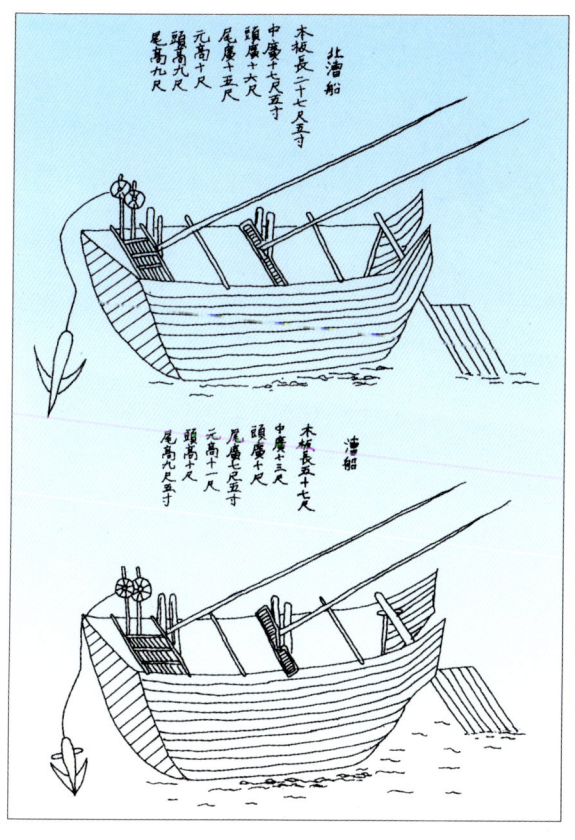

배다리 가설에 이용된 북조선 (위)**과 조선**(아래) 이 배를 배다리 가설에 이용할 때에는 배의 앞쪽과 뒤쪽에 닻줄물레를 달고 닻을 강에 내려 배가 움직이지 않도록 하였다.

부교는 일찍부터 활용되었다. 기록에 의하면 고려 정종(靖宗) 1
년(1045) 임진강에 가설되었는데 "선교가 없어 행인이 다투어 건
너다 물에 빠지는 일이 많았으나 부교를 만든 뒤로 사람과 말이
평지처럼 밟게 되었다"라고 하였다.
　이렇듯 배다리를 설치하여 이용해 오다가 조선 정조 때 왕의 생

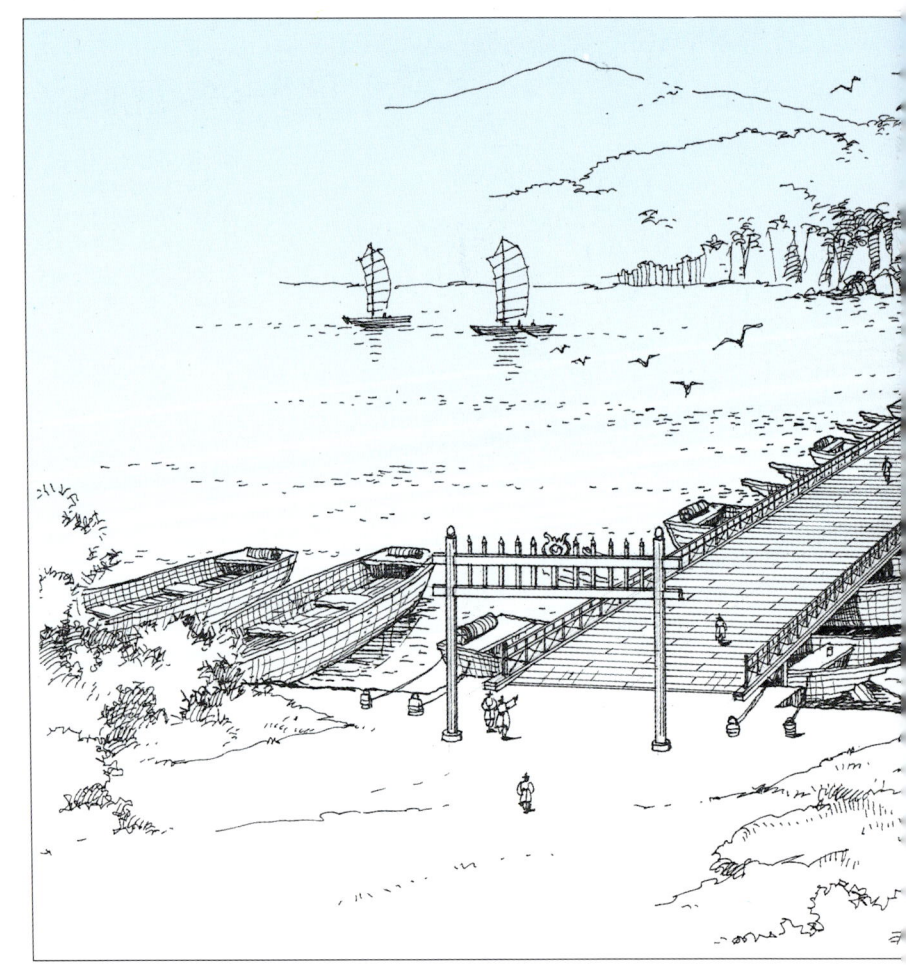

부인 사도세자의 무덤을 현 동대문구 배봉산에서 수원의 화산(華山)으로 이장함에 따라 능행(陵行)에 필요한 배다리를 자주 한강에 설치, 이용하게 되었다. 정조는 배다리를 설치하기 위해 특별히 주교사(舟橋司)라는 관청을 설치하고 '주교사절목(舟橋司節目)'을 제정하여 배다리의 설치 절차와 방법을 자세하게 설명하였다.

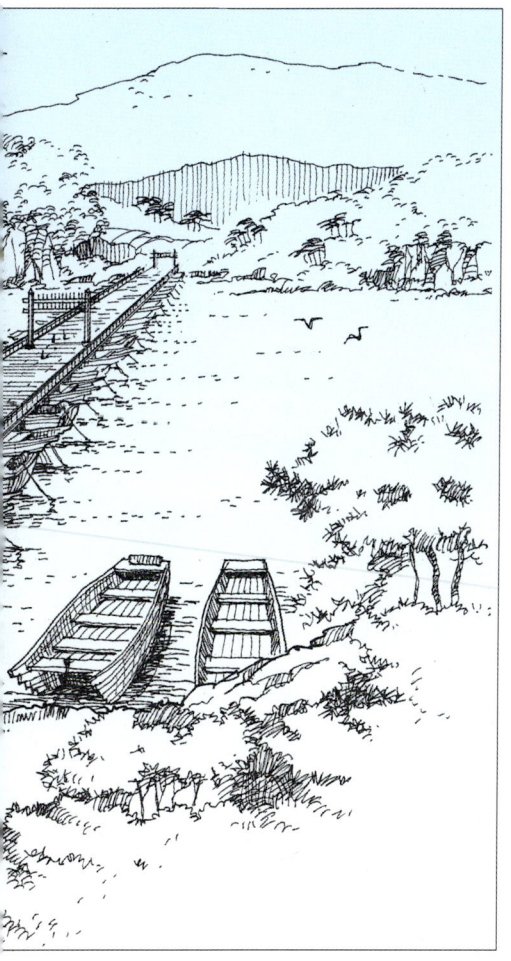

배다리 추정도 일정한 간격으로 배를 띄워 가로목을 설치한 뒤 그 위에 기다란 목판을 깔아 만든 배다리는 필요할 때마다 임시로 가설한 다리였다.

누다리〔樓橋〕

다리 위에 누각이 있는 형태이다. 신라 원성왕 14년(798)에 "궁남루교(宮南樓橋)가 불탔다"라는 기록이 있는데 이 다리의 이름으

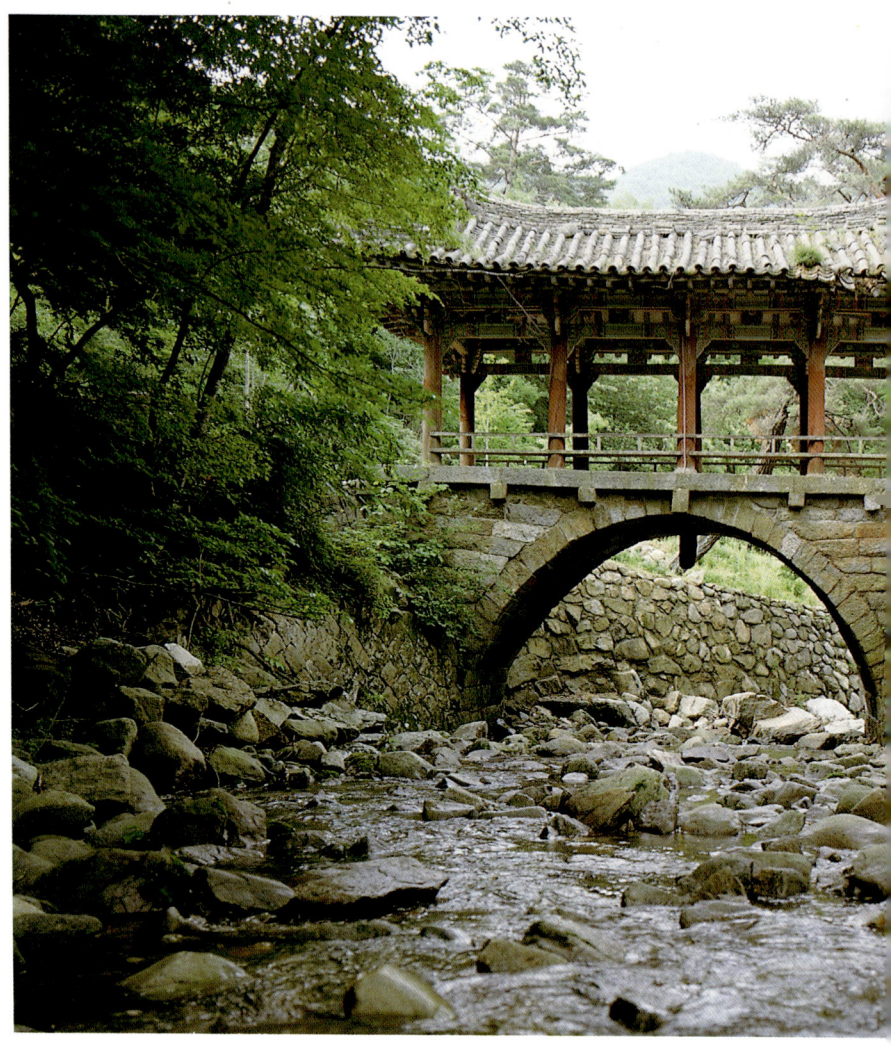

로 보아 다리 위에 회랑식 건물이 있는 목교로 추정된다.

누교는 다리의 연결 기능과 정자 역할을 함께 하는 다리이다. 또 건물과 건물 사이를 연결하는 월랑(越廊)으로도 많이 가설되었다.

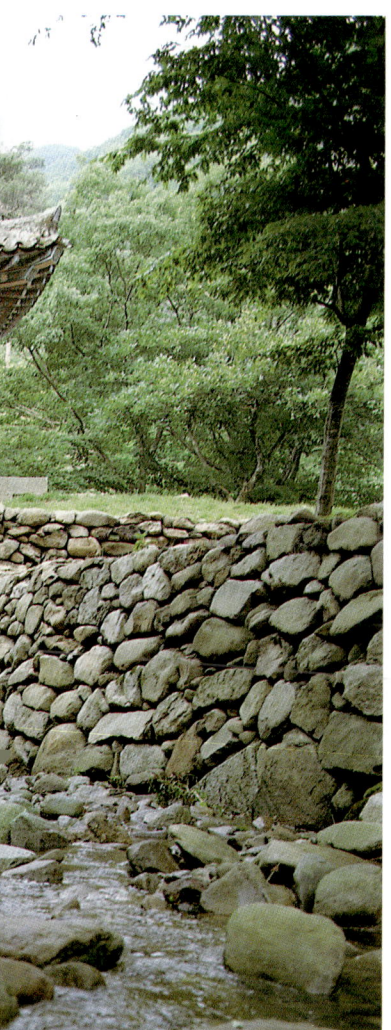

송광사 청량각 누교 누교는 다리의 연결 기능과 정자의 휴식 기능을 동시에 갖춘 다목적 다리이다. 누각은 구조적으로 안정된 석조 홍예교 위에 주로 설치됐다.

백제 무왕 때 조성된 익산 미륵사터의 다리도 이와 같은 형식이다. 현재 남아 있는 대표적인 누교는 송광사의 삼청교(三淸橋)와 청량각(淸凉閣) 누교(樓橋), 곡성(谷城)의 능파각(凌波閣) 목교(木橋), 수원성의 화홍문(華虹門) 등이다.

누교는 윗부분에 누각이 걸쳐져 있으므로 나무다리로는 지탱이 곤란하다. 자연히 구조적으로 안정된 석조 홍예교 위에 설치하였다. 예외로 능파각 목교는 양쪽 석축 교대가 무게를 지탱하는 나무로 된 단칸 다리이다.

매단다리〔弔橋〕

오늘날에는 보기 힘든 다리 형태이다. 길을 내기 어려운 절벽과 절벽 사이에 줄을 가로로 걸쳐 줄의 지탱력으로 설치하거나, 성곽의 주요 통로에 적의 침입을 어렵게 하기 위해 고랑 위에 설치한 다리를 줄로 매어 오르내린 형식의 다리를 말한다. 이 원리가 발전해 오늘날의 금문교(미국)나 남해대교와 같은 교각 사이의 간격이 긴 현수교(懸垂橋)가 만들어진 것이다. 재료의 내구성이 약해서 오늘날까지 원형이 남아 전하는 매단다리는 없으나 도로 여건 때문에 이 다리를 이용하였음을 알 수 있다.

참고 문헌

『三國史記』『三國遺事』『高麗史』『經國大典』『世宗實錄地理志』

『大典會通』『新增東國輿地勝覽』『萬機要覽』『東國輿地志』

『增補文獻備考』『慵齋叢話』『漢京識略』『東國輿地備考』『華城城域儀軌』

『書雲觀志』『平壤續志』『世宗實錄』『成宗實錄』『中宗實錄』

『英祖實錄』『燕山君日記』

全相運, 『韓國科學技術史』, 正音社, 1979.

서울市史編撰委員會, 『서울六百年史―文化史蹟篇』, 1987.

문화재관리국, 『과학기술문화재 복원기초 조사보고서』, 1992.

韓㳓劤 外, 『譯註經國大典―註釋篇』, 韓國精神文化研究院, 1986.

한국문화재보호협회, 『文化財大觀6―寶物4』, 大學堂, 1986.

문화공보부 문화재관리국, 『文化財大觀 下』, 1976.

한국보이스카웃연맹, 『韓國의 城郭과 烽燧 下』, 1989.

方相鉉, 「朝鮮前期의 烽燧制」, 『史學志』 14, 단국대학교사학회, 1980.

李殿福, 『中國內의 高句麗遺蹟』, 學研文化社, 1994.

김기웅, 『고분』, 대원사, 1991.

강인구, 『百濟古墳研究』, 일지사, 1977.

안승주, 「百濟古墳의 構造」, 『百濟文化』 6집, 1973.

이원근, 「三國時代 城郭研究」, 단국대박사학위청구논문, 1981.

손영식, 『韓國城郭의 研究』, 文化公報部, 1987.

_____, 『옛 다리』, 대원사, 1990.

빛깔있는 책들 102-38

전통 과학 건축

글 / 손영식
사진 / 이웅준, 최진연
발행인 / 김남석
발행처 / 주식회사 대원사

편집이사 / 김정옥
전   무 / 정만성
영업부장 / 이현석

첫 판 1쇄 —1995년 11월 20일 발행
첫 판 4쇄 —2001년 8월 20일 발행
재 판 1쇄 —2011년 7월 30일 발행

135-940 서울 강남구 일원동 일원동 640-2
전화번호/(02) 757-6717~9
팩시밀리/(02) 775-8043
등록번호/제 3-191호
http://www.daewonsa.co.kr

책값/8500원

Daewonsa Publishing Co., Ltd.
Printed in Korea(1995)

ISBN 89-369-0176-1 00540

빛깔있는 책들